U0312643

蓝天下翱翔的精灵 鸟

主编◎王子安

Animal

汕头大学出版社

图书在版编目（ＣＩＰ）数据

　　蓝天下翱翔的精灵——鸟 / 王子安主编. -- 汕头：
汕头大学出版社，2012.5（2024.1重印）
　　ISBN 978-7-5658-0815-9

　　Ⅰ．①蓝… Ⅱ．①王… Ⅲ．①鸟类－普及读物 Ⅳ.
①Q959.7-49

　　中国版本图书馆CIP数据核字(2012)第096850号

蓝天下翱翔的精灵——鸟　LANTIANXIA AOXIANG DE JINGLING——NIAO

主　　编：王子安
责任编辑：胡开祥
责任技编：黄东生
封面设计：君阅书装
出版发行：汕头大学出版社
　　　　　广东省汕头市汕头大学内　邮编：515063
电　　话：0754-82904613
印　　刷：唐山楠萍印务有限公司
开　　本：710 mm×1000 mm　1/16
印　　张：12
字　　数：65千字
版　　次：2012年5月第1版
印　　次：2024年1月第2次印刷
定　　价：55.00元
ISBN 978-7-5658-0815-9

前　言

　　这是一部揭示奥秘、展现多彩世界的知识书籍，是一部面向广大青少年的科普读物。这里有几十亿年的生物奇观，有浩淼无垠的太空探索，有引人遐想的史前文明，有绚烂至极的鲜花王国，有动人心魄的考古发现，有令人难解的海底宝藏，有金戈铁马的兵家猎秘，有绚丽多彩的文化奇观，有源远流长的中医百科，有侏罗纪时代的霸者演变，有神秘莫测的天外来客，有千姿百态的动植物猎手，有关乎人生的健康秘籍等，涉足多个领域，勾勒出了趣味横生的"趣味百科"。当人类漫步在既充满生机活力又诡谲神秘的地球时，面对浩瀚的奇观，无穷的变化，惨烈的动荡，或惊诧，或敬畏，或高歌，或搏击，或求索……无数的探寻、奋斗、征战，带来了无数的胜利和失败。生与死，血与火，悲与欢的洗礼，启迪着人类的成长，壮美着人生的绚丽，更使人类艰难执着地走上了无穷无尽的生存、发展、探索之路。仰头苍天的无垠宇宙之谜，俯首脚下的神奇地球之谜，伴随周围的密集生物之谜，令年轻的人类迷茫、感叹、崇拜、思索，力图走出无为，揭示本原，找出那奥秘的钥匙，打开那万象之谜。

　　自然界鸟类种类很多，在脊椎动物中仅次于鱼类。鸟是所有脊椎动物中外形最美丽，声音最悦耳，深受人们喜爱的一种动物。从冰天雪地的两极，到世界屋脊，从波涛汹勇的海洋，到茂密的丛林，从寸草不生的沙漠，到人烟稠密的城市，几乎都有鸟类的踪迹。

《蓝天下翔翔的精灵——鸟》一书分为七章，第一章主要就鸟的起源之争进行阐述；第二章叙述的是鸟类世界之最，包括体形最大和最小的鸟以及飞行速度最快的鸟；第三章是世界国鸟漫谈，有美国国鸟白头海雕、印度国鸟蓝孔雀等；第四章则就鸟类的特别之处进行阐述，如鸟类的恩爱夫妻鸳鸯等；第五章讲述的是鸟世界的特殊现象；第六章介绍的是各色的宠鸟，如八哥和百灵等；第七章介绍的是与鸟有关的文化。

此外，本书为了迎合广大青少年读者的阅读兴趣，还配有相应的图文解说与介绍，再加上简约、独具一格的版式设计，以及多元素色彩的内容编排，使本书的内容更加生动化、更有吸引力，使本来生趣盎然的知识内容变得更加新鲜亮丽，从而提高了读者在阅读时的感官效果。

由于时间仓促，水平有限，错误和疏漏之处在所难免，敬请读者提出宝贵意见。

2012年5月

目录

目录

第四章 神奇的鸟类世界

第五章 形形色色的宠鸟

第一章 鸟的起源之争

　　鸟，是自古以来中外神话传说、文学作品以及科学研究中从来都不曾忽略的一种生物。人类歌颂它、赞美它，称它们为会飞的天使，它们与人类有着千丝万缕的联系。正如达尔文探讨生命的起源那样，人类对所有物种的起源都有巨大的争议，其中关于鸟类起源的学术之争更是早在一百多年前就已经开始。1861年，在德国巴伐利亚州索洛霍芬地区，始祖鸟被首次发现。几年后，同一产地也发现了小型兽脚类恐龙美颌龙，鸡状大小，形态与始祖鸟有不少相似之处，著名学者赫胥黎便提出了鸟类起源于恐龙的学说。十几年以后，著名学者马奇以《鸟类源之于恐龙吗？》为题作文，以此质疑赫胥黎的观点。20世纪90年代初，在我国辽宁西部地区发现了大量中生代原始鸟类的化石，特别是孔子鸟的化石。这一事件被世界媒体报道之后，世界公众对鸟类化石、鸟类历史，尤其是鸟类起源和飞行起源等问题产生了浓厚兴趣，同时其他脊椎动物化石也引起了人类的关注。另外，在孔子鸟的发现地还发现了多种带毛状皮肤构造的小型兽脚类恐龙化石。由此，一场持续一百多年的关于鸟类起源的争论就此拉开了序幕。

鸟类化石

◆ 始祖鸟化石

19世纪最重要的科学发现之一就是始祖鸟的发现，迄今为止世界上只发现10例始祖鸟的化石。这10例始祖鸟化石大都是在德国的巴伐利亚州的石灰岩层中发现的，距现在已有1.5亿年了，这些化石被证明为始祖鸟。其化石上有清晰的羽毛印痕，而且分为初级和次级飞羽，还有尾羽。它的前肢特化成飞行的翅膀，后足有4个趾，都朝着前面，而不是今鸟的三前一后；锁骨愈合成叉骨，耻骨向后伸长。这些特征都与现代鸟类相似。但奇怪的是，它的嘴里长着牙齿，翅膀尖上长着三个指爪；掌骨和跖骨都是分离的，还有一条由许多节分离的尾椎骨构成的长尾巴，这些特点又和蜥形纲极为

相似。

由于始祖鸟既显示了明显的爬行动物的特征同时又保存了精美的羽毛，140多年来人们一直将其作为介于恐龙与鸟类之间的"中间环节"。但却更倾向于认为它是世界上最古老的鸟，或者是鸟类的始祖，称为"始祖鸟"。

鸟的起源是科学界悬而未决的重大难题之一，科学家们为进一步揭示鸟类起源的秘密进行了坚持不懈的努力。但由于资料的缺乏，始祖鸟就成了人类描述鸟类起源故事的全部依据。

但鸟类是不是从恐龙演化而来的？鸟类又是如何进化发展的？这些问题单单靠始祖鸟的有限资料很难进行全面深入的研究。

◆ 意外北票龙化石

恐龙是爬行动物中的一类，它们在大约两亿年前的三叠纪末期出现，从那时起到中生代的末期为止，它们一直是

地球上陆地的统治者。在人们的印象中，恐龙像其他爬行动物一样身上布满鳞片。然而上世纪在辽宁北票地区发现的恐龙化石，却使人们不得不重新审视由来已久的恐龙的相貌特征。这就是被命名为"意外北票龙"的恐龙化石。意外北票龙全长2.2米，是一类用两足行走的恐龙，它生存在大约1.25亿年前，也就是我们所说的早白垩世。尽管所发现的意外北票龙化石支离破碎，但随着专家的精心修复，这件化石已显示出越来越多的形态学特征，也显示出了越来越大的科学价值。

恐龙研究领域一直存在着一个富有争议的问题，就是：大多数食肉类恐龙是不是长毛的爬行动物？1999年科学家在意外北票龙的化石中发现了毛状皮肤衍生物，人们发现它是一种长有原始羽毛的小型食肉类恐龙，而不是像人们传统上认为的那样身披鳞片。由此，科学家们推论，生存年代晚于意外北票龙的绝大多数食肉类恐龙都是体披原始羽毛的美丽的爬行动物！

恐 龙

　　恐龙是距今1亿3千万年前地球上爬行动物的总称。它们的种类很多，身体大小、形状、生活习性各不相同，陆地、海洋、空中都是恐龙类爬行动物的活动场所。大的如中国四川省合川县发现的合川马门溪龙，全身长22米，体高3.5米，体重40～50吨。平时在水深5～10米的湖泊中生活，利用水的浮力浮起笨重的身体，以水中的藻类为食物。小的鹦鹉龙整个身体只有一只小狗大。有的能在空中飞翔，像长尾的喙嘴龙，有尖利的牙齿和长长的尾巴。尾巴末端有一块像苍蝇拍形状的膜，飞翔的工具是翼膜。

◆ 中华龙鸟化石

"中华龙鸟"到底是龙还是鸟？这一问题已成为国内古生物学界和公众媒体关注的焦点，并由此引发了一场"龙鸟之争"。

1996年8月，辽宁省的一位农民捐献了一块化石标本。它体态很小，但形似恐龙，嘴上有粗壮锐利的牙齿，尾椎特别长，共有50多节尾椎骨，后肢长而粗壮。此外，它从头部到尾部竟然都披覆着像羽毛一样的皮肤衍生物，这种奇特的像羽毛一样的物质长度约0.8厘米。科学家们经过认真研究，确认这是最早的原始鸟类化石，由于是在中国发现的，因而被命名为"中华龙鸟"。

但这块神秘的中华龙鸟化石标本到底是龙还是鸟呢？它身上那些像羽毛一样的皮肤衍生物到底是什么？众所周知鸟类身上有羽毛，如果"中华龙鸟"属于鸟类，那它身上长着羽毛就不足为奇了。但是，如果"中华龙鸟"不属于鸟类，那羽毛长在不属于

鸟类的其他动物身体上，就具有非凡的科学意义了。

关于这个问题，一些古生物学家认为这是原始的"羽毛"，因此推论中华龙鸟应该是一种原始的鸟。而另一些古生物学家则认为，这种皮肤的衍生物不具备羽毛的特征，而是类似于现生的某些爬行动物（例如蜥蜴）背部具有的表皮

衍生物结构——角质刚毛，也可能是纤维组织。

古生物学家们还对中华龙鸟身上的似毛表皮衍生物的功能进行了讨论，一些人认为它可能是一种表明性别的"装饰"物；另一些人则认为它可能是一种保温装置。而后一种解释似乎是更为合理的，因为小型的恐龙和小的始祖鸟为了高效力的活动应该需要具备高的新陈代谢率，因此就需要保持体温。由此推论，中华龙鸟身上的似毛表皮衍生物表明，小型的恐龙有可能是温血动物（也就是恒温动物）。也有一些古生物学家推测，这种"毛"是羽毛进化过程的前驱，因此称其为"前羽"。

目前，古生物学家还在使用新的方法对它进行进一步的研究。

"中华龙鸟"的横空出世，标志着恐龙研究的一个新起点。它为恐龙研究，尤其是为鸟类起源的研究方向提供了关键性的信息，可以说这是一个里程碑式的发现。

鸟类起源学说

有关鸟类的起源问题，各国科学家提出了不同的起源学说理论，概括起来主要有以下几种：

◆ 兽脚类恐龙起源说

1864年，赫胥黎依据美颌龙与始祖鸟骨骼的相似性，提出鸟类起源于爬行动物中已经灭绝的兽脚类恐龙的观点。他坚信鸟类是由"蜥形类爬行动物"衍生而来的，他的这一观点曾受到当时一批著名的比较解剖学家的支持。

从形态构造看，最早的鸟类的确与小型兽脚类恐龙有诸多相似，如骨骼中空轻巧、颈长、荐椎较多、肩带骨长、腰带各骨伸长、胫骨近端外侧有一嵴与腓骨相连等。

早期的恐龙由初龙类演化而来，依据腰带构造的差异分成两大类群：蜥臀目和鸟臀目。但鸟臀类恐龙是一群高度特化的、基本植食性的动物，已远离爬行动物发展的主干，不可能再有任何大的动物类群从中演化出来。蜥臀类恐龙分化比较大，以食性分为植食性和肉食性两个支系，前者称蜥

脚类，一般为大型恐龙，喜群居，食量大，如我国四川的合川马门溪龙。肉食性恐龙称兽脚类，这类恐龙分化大，形态多样，种类也多，个体差异特别突出，从个体大小和食性又分为两个类群：个体较大，基本为二足行走的食肉龙类，如我国河南和北美等地发现的霸王龙等；另一类群个体小巧，骨骼轻便，牙齿多变，向杂食性发展，叫虚骨龙类，与孔子鸟同一产地发现的多种带"毛"恐龙就属此类。

近年来，由于在我国辽西发现了大量带毛状物的恐龙化石，鸟类起源于恐龙学说的支持者突然增多，讨论异常热烈。

知识小百科

美颌龙

美颌龙尾长超过身体的二分之一，体形纤细，窄颌细颈。喜欢吃些细小的动物，如蜥蜴和昆虫之类。其特征是肢骨中长，身体轻巧，后肢细长，口内长满尖利的牙齿，身后拖着一条细长的尾巴。美颌龙是一种快速像鸟样的掠食者。它是温血型、体覆羽毛。美颌龙是小鸟龙的近亲，身体更小，长到成年时只有1.3米长，除去长长的尾巴，身体不过母鸡般大小，不会对任何别的恐龙构成威胁，但由它们来对付更小的哺乳动物、小蜥蜴和昆虫却是绰绰有余的。它还有一种穷追不舍的精神——当猎物逃往树上避难时，它也会跟踪而至爬上树去。它是很有名气的，主要在于这种恐龙的体型比鸡还小，有可能是所有龙中最小的一群。

◆ 槽齿类（假鳄类）起源说

最早的槽齿类是古鳄类，为四足行走的小型动物。它们很快分化，其中的假鳄类，是主干爬行动物（包括恐龙）的祖先类型，鸟类亦被认为是由假鳄类进化而来。马奇之所以第一个对赫胥黎的鸟类起源于恐龙学说质疑，就是基于时代早而又不特化、骨骼轻巧的槽齿类化石的不断发现。他的观点到1913年得到了进一步的支持，南非古生物学家布鲁姆发表了有关派克鳄的文章，这是发现于南非早三叠世的一个小型假鳄类化石，保存相当完美。派克鳄牙齿锐利系肉食性动物，身体结构轻巧，骨骼构造纤弱，部分骨骼中空，头骨构造由于具两个大的眼前孔和一对大的颞孔而显得灵巧，眼眶亦较大，因此布鲁姆认为派克鳄不但是鸟类祖先，而且是主要爬行动物的祖先。海尔曼支持布鲁姆的观点，并认为派克鳄是解决鸟类起源的关键。他对派克鳄与始祖鸟进行了详

细的对比研究，1926年发表重要论著《鸟类的起源》，影响很大。假鳄类起源说长期以来为大中学教科书所采用。

◆ **鳄类姊妹群假说**

1970年代，有些学者对始祖鸟和鳄类头骨进行研究后认为，鳄类是现存羊膜动物中骨骼最接近鸟类的爬行动物。英国学者沃克进一步认为，在初龙类中，鸟类与鳄类的关系最密切，并提出了鸟类是鳄类姊妹群的观点。这一假说得到美国古鸟类学家马丁和惠茨通的支持，他们认为鸟类与鳄类有许多相似的形态构造：方骨双关节式，充气；具下颌孔；内耳腔的位置相似；大脑颈动脉干周围有两个气窝；槽生牙，齿冠短、钝、尖、圆椎形，齿冠和齿根之间压缩；头骨里有气孔、气窦等。1979年马丁指出，黄昏鸟和鳄类的头骨上各有一特殊的窦，这种构造在恐龙头骨中不存在。

1990年，美国学者塞雷诺和阿尔库奇，在研究初龙类胫跗关节的性质和鸟类及鳄类相似关节的起源时，分析了派克鳄及初龙类5个属约34项骨骼特征，认为根据胫跗关节初龙类可分为两个类群。他们推测鳄

类和鸟类相似关节的形成是一致的，又给鸟类和鳄类具有共同祖先的理论增添了根据。

这场争论持续了一百多年没有停止，主要因为早期鸟类化石材料太少。比如始祖鸟化石至今仅发现7块，而其他地区又没有重要的早期鸟类化石发现，与最早期鸟类相关的爬行动物化石也比较贫乏，从而限制了对早期鸟类形态构造，特别是关于机能等的解剖学研究和真正理解。直到我国辽西罕见的原始鸟类及伴生动物的发现，才打破了关于鸟类起源的单调论争，令世界为之震动。

鸟类飞行起源的假说

伴随着鸟类起源的论战，鸟类飞行起源也有完全不同的两种观点，长期争论不休。动物界会飞行的动物，概括起来有四类。昆虫主要依靠膜质翅飞行；其他三类全为脊椎动物，即鸟类、哺乳动物中的蝙蝠，以及约7500万年前灭绝的爬行动物翼龙。

肢构造的启发和影响，因为始祖鸟的前肢尽管有飞羽发育，但其掌骨和指骨仍与早期的一些爬行动物一样，没有愈合而且具有三个长长的指骨，尖端有锐利的弯曲的指爪。在迄今所知的早期鸟类化石中，只有孔子鸟在这一原始构造上与其

◆ 树栖起源说

这一观点首先由马什在1880年提出，主要受始祖鸟前

相似，其他鸟类化石都比较进步。其次，他也从松鼠、飞蜥及两栖类中的树蛙等能滑翔的动物身上获得启示。

　　这一理论得到许多人的支持。后来，博克等进一步完善了这一假说，认为鸟类的祖先是地栖四足类爬行动物，经自然选择发展到两足具有爬攀树干能力和柔韧性的树栖原始鸟类；最早的鸟类开始在树枝间短距离跳跃，并发展为在树枝间长距离滑翔；滑翔能力进一步发展为从高树到低树、从树

上到地面的滑翔；最后，逐渐产生具有主动活动能力的翅膀扇动，以及强劲有力的飞翔。

　　这一假说显示了鸟类经许多小变化的积累产生显著变化的过程，反映了从四足行走的祖先类型到高空飞翔的鸟类之间，每个产生细微进化的中间阶段及过渡类型。这一理论以及羽翼进化的许多中间环节，现在已由中国发现的大量中生代鸟类化石所填补。美国学者

费杜恰对大量现生鸟类趾爪弯曲度的详细统计，以及与始祖鸟趾爪的对比研究，有力地支持了此假说。

知识小百科

孔子鸟

孔子鸟的形态与德国的始祖鸟有许多相近的特征。例如，头骨没有完全愈合，肱骨比桡骨长，手上长有3个带爪的指等等。孔子鸟的个体与鸡的大小相近，上下颌没有牙齿，有一个发育的角质喙嘴；它的脊椎骨退化，胸骨发育，尾巴很短。从进化角度来看，孔子鸟的形态特征比始祖鸟显得进步，生活时代也应该比始祖鸟晚，大约生活在侏罗纪晚期到白垩纪早期这一阶段。从1994年后古生物学家们云集中国辽西地区，数以万计的鸟类化石源源不断地被发掘出来，全世界古生物学界几乎都把目光都投向了这里，鸟类研究进入到一个全盛时期。

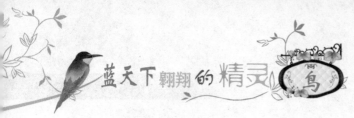

◆ 地栖起源说（疾走起源假说）

此假说由威利斯顿于1879年提出，认为两足行走的恐龙在快速奔跑中，前肢由辅助及平衡功能变成具有羽毛的翅膀，而产生滑翔直至飞行的能力。他进一步认为，鸟类的祖先在三叠纪时可能具有加长的外侧趾骨，从而增强奔跑能力，并逐渐伴随鳞片的伸长、扩大乃至羽毛的产生。1907年，匈牙利学者诺普乔进一步补充了这一学说，认为鸟类起源于两足疾走而具长尾的爬行动物。一个两足行走的原始鸟类的前肢或称初始的翼，是一个辅助推动器，可增强对强有力跑动的后肢的驱动力。

总的看来，这一假说在当时还很不完善，所以才让树栖起源说占了上风。近30年来，支持此

的伸长，趾爪的形态接近现生地栖鸟类，如鸡形目。

美国生理学家鲁宾等认为，始祖鸟是会飞行的冷血动物。其依据是：从表面看，始祖鸟确实应属鸟类，因为它具有羽毛，尤其飞羽的构造已与现生飞行鸟类相似，羽轴两侧不对称，已具有空气动力学机能，因此具有一定的飞行能力。但始祖鸟的骨骼仍显示出许多爬行动物的特征，由于爬行动物的骨骼肌具

假说的学者通过对始祖鸟骨骼的解剖研究，使之逐渐兴盛和完善了起来。他们发现，始祖鸟有一对发育非常好的后肢，同时胫骨特别长，股骨与跗骨长度的比例稍大于2:1，这与疾走所要求的韧性结构相吻合；始祖鸟第一趾骨与其他三趾相对，爪（拇趾爪）没有特别

有突发性活动的能力，它应该具有从静止状态跳跃的能力，也具有从树上向下飞行的能力。鲁宾认为他的观点有助于理解始祖鸟所具有的矛盾构造。他还认为，

温血鸟类和较长距离的飞行能力，可能从早白垩世才开始发展和进化，这种鸟类具有胸骨龙骨突、带状的乌喙骨和一个叉骨突起等适应飞行的特征。他这一推论，得到中国近年来发现的大量早白垩世鸟类的证实。真正的飞行能力的出现甚至比他预想的还早，具有

发育的胸骨龙骨突的辽宁鸟，就出现于晚侏罗世的义县组下部。

第二章 世界鸟类之最

　　自然界鸟类种类很多，在脊椎动物中仅次于鱼类。现在世界上已知的鸟类9000余种，中国有1186种。这些鸟在体积、形状、颜色以及生活习性等方面，都存在着很大的差异。在这么多的鸟类中，最大的要数驼鸟，它是鸟中的"巨人"。非洲驼鸟体高2.75米，最重的可达165.5千克。最小的是南美洲的蜂鸟，体长只有50毫米，体重也就同一枚硬币一样重。鸟能飞翔，但并不是所有的鸟都可以飞起来。比如驼鸟双翅已退化，胸骨小而扁平，没有龙骨突起，不能飞翔。企鹅是特化了的海鸟，双翅变成鳍状，失去了飞翔能力。有的鸟虽然可以飞行但飞行的距离很短，如家鸡由于双翅短小，不能高飞。大多数的鸟都具有很强的飞行能力。在会飞的鸟中，飞行最高的要算秃鹫了，飞行高度可在9000米以上。飞行最快的是苍鹰，短距离飞行最快时速可达600多千米。飞行距离最长的则是燕鸥，可从南极飞到遥远的北极，行程约1.76万千米。鸟类新陈代谢旺盛，消化力强，所以鸟类的食量相当大，例如蜂鸟一天吸食的花蜜量等于体重的一倍。一些小型鸟类每天的食物量相当于体重的10%～30%。鸟是所有脊椎动物中外形最美丽，声音最悦耳，深受人们喜爱的一种动物。从冰天雪地的两极，到世界屋脊，从波涛汹勇的海洋，到茂密的丛林，从寸草不生的沙漠，到人烟稠密的城市，几乎都有鸟类的踪迹。

体形最小的鸟

蜂鸟是约600种雨燕目蜂鸟科动物的统称，常和雨燕同列于雨燕目，亦可单列为蜂鸟目，是世界上已知最小的鸟类。蜂鸟中体型最大的是南美西部最大的巨蜂鸟，也不过20厘米长，约20克重。最小的蜂鸟见于古巴和松树岛，体积比虹还小，稍长于5.5厘米，重约2克，粗细不及熊蜂，卵重0.2克，和豌豆粒差不多。

蜂鸟的喙是一根细针，舌头是一根纤细的线，适于从花中吸蜜。许多种类的嘴稍下弯，镰喙蜂鸟属的嘴很弯，而翘嘴蜂鸟属与反嘴蜂鸟属的嘴端上翘，眼睛像两个闪光的黑

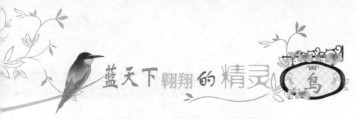
点，翅膀如桨片一样，很长。翅上的羽毛非常轻薄，好像是透明的，体羽稀疏，外表鳞片状，常显金属光泽。少数种雌雄外形相似，但大多数种雌雄有差异。后一类的雄鸟有各种漂亮的装饰，颈部有虹彩围涎状羽毛，颜色各异。其他特异之处是由冠和翼羽的短粗羽轴，抹刀形、金属丝状或旗形尾状，大腿上有蓬

松的羽毛丛（常为白色）。

蜂鸟的双足又短又小，不易为人察觉。它极少用足，停下来只是为了过夜。它双翅的拍击非常迅捷（每秒15次到80次，取决于蜂鸟的大小），因拍打翅膀的嗡嗡声而得名。蜂鸟飞翔起来持续不断，而且速度很快，所以它在空中停留时不仅形状不变，而且看上去毫无动作，可以像直升飞机一样悬停。通常只见它在一朵花前一动不动地停留片刻，然后箭一般朝另一朵花飞去，用细长的舌头探进它们怀中，吮吸它们的花蜜，而且仿佛这是

它舌头的唯一用途。人们曾看见它狂怒地追逐比它大二十倍的鸟，附着在它们身上，反复啄它们，让它们载着自己翱翔，一直到平息它微不足道的愤怒。

蜂鸟是唯一可以向后飞行的鸟，也可以在空中悬停以及向左和向右飞行，飞行本领高超，因而也被人们称为"神鸟""彗星""森林女神"和"花冠"。

多数种类的蜂鸟不结对，而紫耳蜂鸟和少数其他种类则成对生活，并且由两性共同育雏。大多数种类的雄鸟都以猛飞猛冲的方式保卫占区（占区是它向过路雌鸟炫耀的场所）。雄鸟常在雌鸟前面盘旋，使阳光反射颈部色泽。占区的雄鸟追逐同种或不同种的蜂鸟，向大型鸟（如乌鸦和鹰）甚至向哺乳类（包括人）猛冲。多数蜂鸟（尤其较小的种类）发出刮擦声、喊喊喳喳或吱吱的叫声。但在做"U"

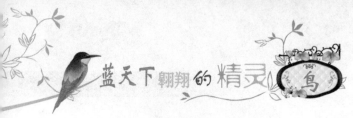

平衡。蜂鸟通常产2个（很少1个）白色椭圆形卵，是鸟卵中最小的，但卵重约为雌鸟体重的10%。刚孵出的幼鸟无视力，身上无毛，由亲鸟哺养，约3周后羽毛丰满。

在所有动物当中，蜂鸟的体态最妍美，色彩最艳丽。蜂鸟是世界上最小的鸟，"以其微末博得盛誉"。小蜂鸟是大自然的杰作：轻盈、迅疾、敏捷、优雅、华丽的羽毛——这小小的宠儿应有尽有。它身上闪烁着绿宝石、红宝石、黄

形炫耀飞行中，翅膀常发出嗡嗡、嘶嘶声或爆音，像其他鸟的鸣声。许多种类的尾羽也能发出声音。

蜂鸟的巢呈小杯形，由植物纤维、蛛网、地衣和苔藓构成，附着于树枝、大叶片或岩石突出部。有些蜂鸟的巢有一细茎悬挂在突出物的下面，或在洞穴、涵洞顶上挂着。巢两边放着泥土和植物，以保持

宝石般的光芒，它从来不让地上的尘土玷污它的衣裳，而且它终日在空中飞翔，只不过偶尔擦过草地。它在花朵之间穿梭，以花蜜为食。

蜂鸟的分布局限于西半球，主要在南美洲。其中约有12种常在美国和加拿大，只有红玉喉蜂鸟繁殖于北美东部新斯科舍到佛罗里达。分布最北

的是棕煌蜂鸟，繁殖于阿拉斯加的东南部到加利福尼亚的北部。各种蜂鸟分布在新大陆最炎热的地区，它们数量众多，但仿佛只活跃在两条回归线之间。也有些蜂鸟会在夏天把活动范围扩展到温带，但也只是作短暂的逗留。

体形最大的鸟

世界上体形最大的现生鸟类是生活在非洲和阿拉伯地区的非洲鸵鸟。它的身高达2~3米，体重56千克左右，最重的可达75千克。不能飞翔，但奔跑速度很快。

非洲鸵鸟体长183~300厘米，身高240~280厘米，体重130 000~150 000克，头小，颈长；嘴短而扁平，呈三角形；眼大；躯干粗短，胸骨扁平，没有龙骨突起；翅膀短，已经退化；尾椎骨分离；腿长而粗壮，具2趾，趾下有角质的肉垫；体羽蓬松柔软；雄鸟和雌鸟的羽色有所不同，雄鸟主要为黑色，雌鸟主要为灰褐色；叫声响亮，性情机警；喜爱结群，通常为10～15只；以植物为主食，偶尔也吃一些动物食物。非洲鸵鸟分布于非洲西北部、东南部和南部，栖息于荒漠、草原和灌丛等地，晨昏活动。

非洲鸵鸟婚配为一雄多雌，一般1只雄鸟配3～5只雌鸟。筑巢于地面，所有的雌鸟将卵生在同一个巢穴中。每只雌鸟产卵10～12枚，每窝的卵数可以达到25～30枚，卵大，黄白色，大小为152×203毫米，卵重1300～2000克左右，卵重可达体重的1%左右，大约等于30～40个鸡蛋的总重量，是现今最大的鸟卵。白天雌鸟孵化，夜晚雄鸟换班，孵化期为40～42天。雏鸟为早成性，3岁性成熟，寿命为60年。

非洲鸵鸟卵的卵壳坚硬，厚约0.2～0.3厘米，具有象牙光

泽，可作高级雕刻观赏品。非洲鸵鸟的卵经加工后，其适口感比鸡蛋细嫩、无腥味，味道鲜美，是高级营养补品。

鸵鸟肉为红色，蛋白质含量高，胆固醇含量轻低，并含有人体必需的21种氨基酸。其肉质鲜美，营养价值与牛肉相似，比较适合现代消费者的口味。

非洲鸵鸟的皮可制成极佳的皮革，其特点是轻柔，美观。鸵鸟皮有独特的毛孔图案，透气性好，拉力强，不易老化，耐用，可卷曲，制成产品后使用年限长，并随时间的增长，产品表面更光亮。

非洲鸵鸟全身羽毛均为绒羽（仅有羽轴和羽小枝）。羽毛质地细致，保暖性好，手感柔软，可作高贵的服饰和头饰。它的羽毛不带静电，可用于擦拭高级精密仪器和电脑。

综上可知非洲鸵鸟真的可以说它浑身是宝。另外，非洲鸵鸟生长速度快，抗病力强，适应性好，饲料转化率高，繁殖率高，寿命长，有效繁殖年限长，经济价值高。因而人们很早就把饲养非洲鸵鸟当成一项经济回报率颇

高的经营活动，并且在饲养过程中逐渐总结出了丰富的饲养经验：

（1）非洲鸵鸟的饲养场地要选择排水良好的沙质土地带，10～15度的平坦坡地上围栏饲养。不在交通要道，不靠近机场和铁路边。场地周围以铁丝网栏相隔，铁丝网栏有弹性，栏高约2米，这样可避免非洲鸵鸟在受惊或急走时撞上围栏受伤。

（2）非洲鸵鸟的房舍应坐北向南，运动场设在南面。房舍分育雏舍、中鸟舍和种鸟舍。房舍要求保温、防雨、防风、防兽和通风良好。房舍前要有相应所需的运动场，运动场呈长方形，有1/3为水泥地，其余为沙地或草地，运动场与鸟舍相连呈长方

形。中鸟舍和种鸟舍只需做成能避风挡雨的遮荫棚舍便可，但运动场一定要足够，以保证每只鸵鸟的运动和生活。种鸟运动场和遮雨棚舍至少宽30米，长50～80米，每组种非洲鸵鸟（1雄3雌）的饲养面积为

31

1500平方米。运动场内铺沙或草，不允许有积水的凹洼坑，围栏外还要有足够的绿茵地带和青饲料种植地。

（3）非洲鸵鸟饲养以地面平养为主，要求地面清洁、卫生、干燥温暖。在水泥地面养雏鸟而用垫料时，垫料上要铺上麻袋、透气橡胶板，或硬质弹性细眼塑料网等，避免雏鸟吃垫料。雏鸟舍及运动场要打扫干净，将玻璃、塑料布、铁丝及其他不能吃的异物收拾起来。雏鸟在舍内饲养时，要在

饲料内加上少量砂砾，以帮助消化，一周内加砂砾1次，用量约占当日饲料量的1%左右。从雏鸟出壳至12周龄的生长阶段，由于雏鸟生理功能尚未健全，对环境条件变化极敏感，因此这是养殖中最重要、最关键的阶段，需要我们精心照料，科学管理。

（4）非洲鸵鸟是杂食鸟，有着特殊的消化功能，能从粗纤维中摄取能量。因此，供给精饲料时需注意能量的供给量不要过高，如精饲料能量供给

（5）非洲鸵鸟生长速度快，新陈代谢旺盛，在10周龄前应逐步增加粗饲料在日粮中的比例，以便更有效地促进后消化道建立微生物生长活动区域。随着日龄的增长，10周龄后再加大青饲料在日粮中的比例，使它们能更有效地从青草中获取营养，从而降低饲养成本。青饲料常用的主要有韭菜、叶类蔬菜、象草、苜蓿草、黄草、黑麦草等。

多时，往往会导致鸵鸟体内能量过多而沉积成体脂，从而影响繁殖力。

知识小百科

白垩纪

　　白垩纪得名于西欧海相地层中的白垩沉积，延续了将近七千万年，是延续时间最长的纪之一，和自恐龙灭绝直到现在的时间相当。白垩纪有了可靠的早期被子植物，到晚白垩世被子植物已经完全占据了地球的统治地位。白垩纪早期鸟类开始分化，著名的孔子鸟最初被认为属于晚侏罗世，后被鉴定为早白垩世。剑龙在早白垩世就灭绝了，而在晚白垩世，鸭嘴龙、甲龙和角龙却迅速发展。特别是角龙，晚白垩世才在地球上

出现，却在短时间就进化出了丰富的种类。

寿命最长的鸟

老鹰是世界上寿命最长的鸟类，鸟类一般寿命只有十几岁。安第斯神鹰虽其貌不扬，甚至有点丑陋，但它却以强健的体魄、粗旷的翼展，赢得了"神鹰"的美誉。

安第斯神鹰产于安第斯山区，生活环境非常广阔，它是新大陆最大的猛禽之一，嘴形锋利，多食腐肉。与世界上大

多数鸟类一样，安第斯神鹰的雄鸟比雌鸟大，被誉为世界上"难以相信的巨鸟"。它展翅时翼面可达7平方米，这点也是其他鸟类所无法企及的。

安第斯神鹰的一般寿命长约50年。我国北京动物园在20

世纪50年代初从国外引进了一对安第斯神鹰，其中一只至今还活着。据报道，伦敦动物园曾饲养过一只来自南美洲的安第斯神鹰，在饲养员的精心养育下，它足足活了73岁，这只"老寿星"打破了其家族的寿命最高纪录。

虽然安第斯神鹰最高可活70多岁，但要活那么长的寿命，它必须在它40岁时做出一个困难却至关重要的决定！

因为当老鹰活到40岁时，它的爪子就会开

始老化，啄会变得又长又弯，翅膀也变得十分沉重。这时老鹰只有两种选择：等死或者蜕变。如果选择蜕变，首先老鹰必须用它的喙击打岩石，直到喙完全脱落，静静地等候新的喙长出来；然后，再用新长出的喙，把指甲一根一根拔出来；当新的指甲长出来后，它们便再把羽毛一根一根拔掉；五个月以后，新的羽毛长出来了，老鹰开始飞翔，它就重新获得了另外三十年的生命！但这种新生是一个非常痛苦的过程，并不是所有老鹰都可以做到的！

飞行速度最快的鸟

尖尾雨燕平时飞行的速度为170千米/小时，最快时可达352.5千米/小时，堪称世界上飞得最快的鸟。

人们平时见到的雨燕几乎总是在飞翔，并且似乎飞得很快。然而，其实它们在觅食时

为了看清猎物并在飞行中捕获，并不会飞得过快，否则会增加它们捕食的难度。但在炫耀时，雨燕确实会飞得非常快，而且常常利用风向来迅速地掠过地面（即使它们那时的飞行速度并不突出），用来炫

空中。它们很可能是除了繁殖以外，其余的时间根本就不回陆地，这就意味着一些幼鸟从某个夏末开始学会飞后，直至两年后的夏天才首次着陆在某个潜在的巢址上。这期间它们需要不间断飞行500 000公里！

耀它们优秀的飞行速度。

普通雨燕经常在空中过夜，这一事情目前已得到证实。人们通过从飞机和滑翔机上观察以及用雷达定期跟踪，发现这些鸟在夜晚原本该找个巢栖息的时候却长时间逗留在

大部分雨燕的羽毛着色相当暗淡，只有少数种类的体羽会在短期内呈现蓝色、绿色或紫色的彩色光泽。在营巢地，普通雨燕的个体相互之间是通过鸣声（尖叫声）而非依靠视觉来辨认彼此的，原因很可能

是巢址环境太暗的缘故。许多雨燕的尾为叉尾型，而针尾型雨燕的尾羽羽干长于羽片，从而形成一排"针刺"，这种坚硬的尾羽在雨燕附于垂直表面时可起支撑作用。而烟囱雨燕的名字则是因它们习惯于在高高的工业烟囱内繁殖、栖息而得来——这无疑是一种近代才出现的栖息地。

　　所有雨燕都专食昆虫和蜘蛛，并主要在空中捕获。人们通过分析它们的胃内成份、排泄物、回吐物、咀嚼物来研究它们的饮食，结果发现，雨燕最主要的猎物是膜翅目的蜜蜂、黄蜂和蚂蚁；双翅目的苍蝇；半翅目的臭虫和鞘翅目的甲虫。

飞得最高的鸟

信天翁是世界上飞得最高的鸟类，它以毫不费力的飞翔而著称于世——它们能够跟随船只滑翔数小时而几乎不拍一下翅膀。它们为减少滑翔时肌肉的耗能而体现出来的适应性之一，是它有一片特殊的肌腱，为它伸展的翅膀固定位置；二是其翅膀的长度惊人，

较之鹱形目其他科的鸟类，信天翁的前臂骨骼与指骨相比显得特别长，翼上附有25~34枚次级飞羽。相比之下，海燕仅有10~12枚。于是，信天翁的翅膀如同是极为高效的机翼，高"展弦比"（翼长与前后宽之比）使它们能够迅速向前滑翔，而下沉的机率很低。这种

对快速、长距离飞行的适应性令信天翁得以从它们在海岛上的繁殖基地起飞，翱翔于茫茫的汪洋大海上空。

信天翁多居南半球。非常明显，信天翁的分布情况与南极洲和南美洲、非洲及澳大利亚南端之间的海洋带受风影响有关。南纬45°～70°集中了数目最多的信天翁个体和种类，但它们也在南半球的温带水域繁殖，同时少数种类的分布区域则进入了北太平洋。加拉帕哥斯群岛和厄瓜多尔外海的拉普拉塔岛上的加岛信天翁在赤道处繁殖，那里的气候受寒流洪堡洋流的影响。而短尾信天翁（主要在日本和台

湾外海的岛屿上）、西北太平洋的黑脚信天翁和夏威夷群岛的黑背信天翁均在北太平洋繁殖。如今，北大西洋没有信天翁繁殖——尽管在180万年～1万年前的更新世曾有过，也尽管人们知道那些误入北大西洋

的信天翁中有少数已存活了数十年。造成今天信天翁在北大西洋没有种群的原因很可能是后更新世的扩散现象没有在那里发生。

信天翁的生活习性依赖海洋，从跟随船只的习性就不难知道。信天翁是出了名的食腐动物，喜食从船上扔下的废弃物。它们的饮食范围很广，但经过对它们胃内成份的详细分析，发现鱼、乌贼、甲壳类构成了信天翁最主要的食物来源。它们主要在海面上猎捕这些食物，但偶尔也会像鲣鸟一样钻入水中，深度达6米（灰头信天翁），甚至最深可达12米（灰背信天翁）。

信天翁有时会在夜间觅食，因为那时很多海洋有机物都会浮到水面上来。有关信天翁白天和夜间觅食的比例问题，人们是通过让它们吞下一个传感器的办法来获得详细信息的。传感器位于胃中，当信天翁吞入一条从寒冷的南大洋水域中捕获的鱼时，体内温度会立刻降低，传感器便将此记录下来。信天翁摄入的食物成分比例因种类而异，而这对信天翁的繁殖生物学有很大的影响。

飞得最远的鸟

北极燕鸥是世界上飞得最远的鸟类。它体形中等，习惯于过白昼生活，所以也被人们称为"白昼鸟"。当南极黑夜降临的时候，它便飞往遥远的北极，由于南北极的白昼和黑夜正好相反，这时北极就正好是白昼。每年6月北极燕鸥在北极地区"生儿育女"，到了8月份就率领它们的"儿女"向南方迁徙，飞行路线纵贯地球，于12月到达

南极附近，一直逗留到翌年3月初，然后便再次北行。北极燕鸥每年往返于两极之间，飞行距离达4万多公里。因为它总是生活在太阳不落的地方，所以

被称为"白昼鸟"。

在南极，给人印象最深的动物自然是企鹅。而在北极，令人肃然起敬的却并非我们经常想到的北极熊，而是北极燕鸥。企鹅虽然待人亲切，憨态可掬，但看上去却有点傻气。而北极燕鸥虽然小巧玲珑，但却矫健有力，往往能给人以激情。

北极燕鸥可以说是鸟中之王，

它们每年在两极之间往返一次，行程数万公里。人类是万

物之灵，虽然已经造出了非常现代化的飞机，但要在两极之间往返一次，也决非易事。因此，燕鸥那种不怕艰险追求光明的精神和勇气特别值得人类学习。它们总是在两极的夏天中度日，而两极的夏天太阳总是不落的，所以，它们是地球上唯一一种永远生活在光明中的生物。不仅如此，它们还有非常顽强的生命力。1970年，有人捉到了一只腿上套环的燕鸥，结果发现，那个环是1936年套上去的，也就是说，这只北极燕鸥至少已经活了34年！由此算来，它的一生当中至少要飞行150多万公里。

最凶猛的鸟

最凶猛的鸟是生活在南美洲安第斯山脉的悬崖绝壁之间的安第斯兀鹰，体长可达1.2米，两翅展开达3米。它有一个坚强而钩曲的"铁嘴"和尖锐的利爪，专吃活的动物，不仅吃鹿、羊、兔等中小型动物，

甚至还捕食美洲狮等大型兽类，因此又有"吃狮之鸟"和"百鸟之王"的称号。

问起谁是鸟类王国中的霸王，如果你以为是那些体型最大的鸟，那就错了。实际上，世界上最凶猛的鸟不是那些体型最大的鸟，而是一些身体中等的猛禽，如金雕、食猿雕和角雕等。它们都具有宽长的双翼，有很高的飞行技巧和速

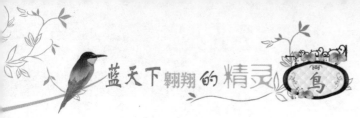
度；有在高空能够清晰地看到地上的猎物的一双锐利的眼睛；还有像刚钩一样，适于在突袭时抓捕猎物、撕碎猎物的利爪和利嘴。

金雕是一种分布很广的猛禽。在搜索猎物时，它并不会快速飞行，而是在天空缓慢盘旋，一旦发现猎物，便直冲而下，抓住猎物后又疾若闪电般飞向天空。金雕经过训练，可以帮助猎人捕捉草原上的狼。它先是对狼进行长距离的追逐，等狼疲惫不堪时，就突然下降，用一只爪抓住狼的脖颈，另一只爪抓住狼的眼睛，使狼丧失反抗能力，随后赶到的猎人就很容易将狼捕获。据说，有一只金雕曾创造过捕狼14只的纪录。

产于菲律宾的食猿雕是南亚森林中的霸王。它体长达1米，重约4千克，头后有许多长达9

厘米的柳叶状羽毛。当它发怒时，这些羽毛便竖起来，加上它巨大的钩嘴和黑脸，便构成了一副极其凶恶的外貌。食猿雕喜欢"占地为王"，一对雕要占领差不多30平方千米的领域，它以这个领域内的各种动物、特别是猿猴为食。

双利爪抓住，就有立即丧命的危险。角雕主要捕食卷尾猴、树獭、浣熊等动物。

南美洲亚马逊河流域丛林中的角雕，是另一种凶猛的鸟。它体长1米，体重达9千克，头上有两个高耸的羽冠，一双脚几乎和人的手掌一样大，是所有猛禽中绝无仅有的。动物被这

尾羽最长的鸟类

尾羽最长的鸟类是日本的用人工杂交培育成的长尾鸡，这种长尾鸡的尾羽的长度十分惊人，一般可长达6～7米长，最长的记录为1974年培育出的一只，为12.5米。如果让它站在四层楼房的阳台上，它的尾羽则可以一直拖到底楼的地面上，因此也是世界上最长的鸟类羽毛。

长尾鸡属于观赏品种的家鸡，它与当今广泛饲养的蛋用鸡和肉用鸡同属野生原鸡的后代。但长尾鸡纯属观赏品种，其蛋及肉的产量极低。相传在两三百年前，在日本育成了现

在的长尾鸡品种。经多年人工培育并具有特长尾羽的雄性长尾鸡，立于特制的高架或高台上，其尾羽可以下垂至地面，因而具有极高的观赏价值，售价极高，是国际上所有观赏家禽中的佼佼者。

长尾鸡体态甚似家鸡，但体形略小些；嘴壳短而略弯曲，头部有鲜红的肉质单冠；翅膀是短圆形，不宜高飞和远距离的飞翔；体羽有白、褐、花斑及黑等不同颜色。雄鸡尾羽特长，壮年个体经特定环境培养最长的尾羽记录可达7米以上，雄鸡还有啼鸣报晓的习惯。

饲养长尾鸡的设备略同于一般家鸡，因其纯属人工玩赏品种，体质较弱，因而饲养温度最好能控制在5℃～35℃之间。据人们通过对种用长尾鸡饲养观察发现，气温15℃～28℃是它最适宜的生活温度。种鸡饲养环境需有较干燥的场地及充足的阳光，晚间供给适宜的栖架供其栖息过夜。其饲料可选用一般种鸡混合精料，适当

加喂青绿叶菜及少量昆虫，也可每天饲喂3～5个蚕蛹。

供作观赏的雄性长尾鸡，为培养其特长的尾羽，需在它2～3岁以后将其单只关入特制笼自由活动取食30～60分钟，即可培育成体羽丰满，尾羽特别延长的雄性长尾鸡，一般尾羽可生长至5～7米（最长10米）。其培养箱笼多以木板制

的笼箱，限制其活动量以减少因自由活动对尾羽的磨损，同时饲与适口性强而营养丰富的饲料，每天上下午定时放出箱成，宽度需依雄鸡的身体宽度加大4～6厘米，前后及上下均由活动木板控制，它不能自由转动身体的方向，被关入箱

笼内的雄鸡只能将头颈露出箱笼外自由伸缩取食及饮水，排出粪便落于箱外，尾羽伸出置于箱外，保持尾羽清洁美观。用这种箱笼培养美丽的雄鸡尾羽，需选择壮年雄鸡，在其陈尾羽脱落之后，新尾羽初生之际，关入培养箱笼内，经过13～15个月控制运动的饲养，特长的尾羽生齐，即可移至展览环境展出。被关入培养箱笼内的长尾鸡，因其运动受到限制，食欲较差，因此，需精心喂养，宜选择适口喜食的多种饲料，并应注意到营养丰富，方可保证其体质健康，尾羽正常生长。

　　长尾鸡7～10个月龄开始性成熟，雌鸡开始产卵，雄鸡正常啼鸣。种用长尾鸡需有足够的运动量，不得关入培养尾羽的箱笼内饲养。虽然运动及配种等活动对雄鸡的尾羽磨损

严重，致使观赏价值降低，但其健康及精力良好，可进行自然交配，雌雄比例以2:1～4:1为佳。种卵的保存、孵化及育雏均同于一般家鸡，但因长尾鸡雏鸡体质甚弱，取食能力较差，故需精心照料，育雏温度不宜有较大的变化，饲料及饮水供给尤需注意清洁适口。每只雌长尾鸡年产卵量20～30枚，卵椭圆形，卵壳淡褐色，卵大小为42～48毫米×38～40毫米，卵重32～35克，孵化期21天。饲养条件良好的长尾鸡，一般寿命可达10年以上。

孵化期最长的鸟类

　　信天翁也是世界上孵化期最长的鸟类，一般需要75～82天。信天翁寿命相当长，平均可存活30年。但它们繁殖较晚，虽然3～4岁时生理上就具备了繁殖能力，但实际上它们

在之后的数年里并不开始繁殖，有些甚至直到15岁才进行繁殖。刚发育成熟后，幼鸟会在繁殖季节临近结束时出现在繁殖地，但时间很短，接下来的几年内它们才会花越来越多的时间上岸来寻求未来的另一半。当一对配偶关系确立下来后，通常就会一直生活在一起，直到一方死亡。"离婚"只发生在数次繁殖失败后，并且代价很大，因为它们接下来几年内都不会繁殖，直至找到新的配偶。事实上，对

于漂泊信天翁而言，一次离婚会导致它们的生殖成功率永久性地降低10%～20%。

大部分信天翁都群居营巢，有时成千上万对配偶将巢筑在一块。有几个种类的巢为一个堆，由泥土和植物性巢材筑成，非常大，成鸟爬上去都有困难。而热带的信天翁较少筑巢，而加岛信天翁则根本不筑巢，它们将卵置于足部四处游荡。雄鸟在繁殖期开始时先来到群居地，

在出生20天后，看护期结束，接下来成鸟只是定期回到陆地给雏鸟喂食。黑脚信天翁的雏鸟白天常常会在离巢30米的周围踱步，寻找阴凉处，但只要成鸟带着食物一到，它们立即冲回巢中。成鸟会在岸上逗留足够长的时间来辨认雏鸟，喂给它们未消化的海洋动物肉和消化猎物所产生的富含脂类的油。

然后在雌鸟加入后进行交配。孵卵任务由双方共同承担，一般为几天轮换一次。整个孵化期约为65天（为较小的种类）至79天（皇信天翁）。对于刚孵化的雏鸟，亲鸟开始时主要是喂育，后来则主要是看护。

育雏期间，有些种类的亲鸟双方轮流到遥远的捕食区域去觅食，短则1～3天，长则5天以上。而漂泊信天翁更是令人敬佩，雄鸟往往会比雌鸟飞得更远到南方去寻找食物，因此也就要面对更寒冷的海水和暴风雨更多的恶劣天气，故漂泊信天翁的雄鸟无一例外地具有比雌

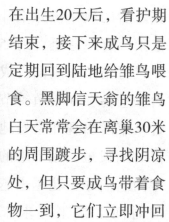

鸟更高的翼负载（体重与翼面积之比）。

信天翁长齐飞羽需要120天（黑眉信天翁和黄鼻信天翁）至278天（漂泊信天翁）不等，故最长的留巢期也出现在后者身上，包括孵化期在内长达356天，也就意味着漂泊信天翁只能隔年繁殖，因为每次繁殖后都必然有一个换羽期。事实上，已知至少有9个种类为两年繁殖一次，其中包括全部的"大信天翁"种类、灰背信天翁、乌信天翁和灰头信天翁。

人们曾一度以为在不繁殖的那一年，信天翁在海上飞行或多或少都是漫无目的。然而，附于漂泊信天翁身上的现代传感器显示情况并非如此，而似乎是个体会朝海上的某个特定区域飞去，并在那里度过大部分时光。

一对信天翁一年只产一个卵，孵卵是分工合作的，雌的专门负责孵卵，雄的专门在巢外负责警卫，孵卵需75～82天。

最晚性成熟的鸟类

信天翁雏鸟达到性成熟的过程也是鸟类中最长的，需要9～12年。10月初，繁殖季节到来，信天翁大群大群地栖落在荒芜的海岛上。求偶时，信天翁会发出粗戾的叫声，雄信天

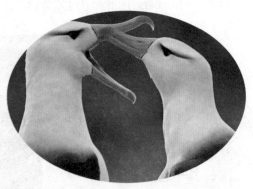

翁笨拙地踏着步，同前来的雌信天翁互相碰嘴。如果两厢情愿，双方便同时举颈，大嘴朝天，胸颈互相磨擦，发出欢快的叫声。

交配后，大约在10月下旬至11月上旬，雌信天翁在地面的沙凹里或简单的草窝中产卵，每只雌信天翁只产1枚蛋。经过测量，蛋的直径平均为

11.6厘米，重约370～390克，由雌雄亲鸟轮流进行孵化。大约70～80天后幼雏出壳，破壳而出的雏鸟，带着一身线谈的胎毛。胎毛脱落之后，长出一身卷曲的浓毛。信天翁雏鸟从亲鸟口中得到已消化了的脂肪以及半消化了的食物。

经过5个月的精心抚育，雏鸟长出了坚实的羽毛，到了可以离巢时雏鸟的体态已同它的"父母"相差无几，特别是翅膀几乎达到成年时的长度，这可能是因为信天翁每年只繁殖1个后代，所以"父母"对"子女"极端宠爱。此后，雄性信天翁便离开雏鸟开始环球旅行，而慢慢成长起来的信天翁过了9岁或10岁，它们才独身生活，整天自由地在海上展翅遨游，才懒洋洋地找寻自己的伴侣。

第三章 世界国鸟漫谈

世界上每个国家所处的地理位置不同，他们的人文地理都呈现出与其他国家不同的特点。比如每个国家都有其特别的语言、文化、植物、动物等等，这些都是其国家特有的，在别的地方看不到的。同样，每个国家也都会有一些特别珍贵稀有的鸟类，我们称之为"国鸟"，它们是一个国家和民族的精神象征。

　　国鸟的评选距今已有200多年的历史，美国是世界上最先确定国鸟的国家。由于环境污染和人类的滥捕，不少鸟类数量日趋减少，有的甚至灭绝或正处于灭绝的边缘，国际鸟类保护会议呼吁各国都有选出自己国家的国鸟，以在国民中普及保护鸟类的思想。1960年，第12届国际鸟类保护会议的与会代表，建议世界各国都选出本国的国鸟，目前世界上已有40多个国家确定了国鸟。综观世界各国国鸟，大致可将其评选标准分为三类：一是依照民族精神象征的需要确定国鸟。当年美国国会经过多番争论，最后选定了白头海雕。同样，不少国家就选择了鹰、雕、隼、鹫等猛禽作为国鸟，如菲律宾的食猿雕、阿尔巴尼亚的山鹰；二是选择深受当地人们喜爱的常见鸟类；三是把本国特有的珍稀鸟类定为国鸟，如危地马拉的凤尾绿咬鹃、日本的绿雉，从而让全国民众都来关注、爱护这些珍禽。

　　我国以特产的红腹锦鸡作为中国鸟类学会的会徽，还没有定出国鸟。如果从我国特有的鸟类中评选的话，喜鹊、画眉、红腹锦鸡等有望入选。一项由36名代表向九届全国人大五次会议提交的议案建议，把丹顶鹤确定为中国的国鸟。经过几年的专家评选和社会网选，日前，国家林业局已将丹顶鹤作为国鸟的唯一候选者上报国务院。2004年5至6月，中国野生动物保护协会、中国新闻社、新浪网联合全国20多家新闻网站举办了网上推举国鸟活动。在候选的10种鸟类中，丹顶鹤获得500万网民中64.92％的选票，遥遥领先于其它竞争者。

美国国鸟——白头海雕

白头海雕是美国的国鸟，美国是世界上最先确定国鸟的国家。白头雕最早出现于美国的旗帜上是在独立战争期间。1776年7月4日第二次大陆会议发表了《独立宣言》并决定新生的美国必须有一个特殊的国徽。1782年6月20日，美国国会通过决议，把北美洲特有的白头海雕作为美国的国鸟，并把这种鸟作为国徽图案的主体。今天，无论是美国的国徽，还是美国军队的军服上，都描绘着一只白头海雕，它一只脚抓着橄榄枝，另一只脚抓着箭，象征着和

平与强大武力。白头海雕作为美国国鸟，身价不凡，并且受到了法律保护。1982年里根总统宣布每年的6月20日为白头海雕日，借以唤起全国民众的关注，这就足以说明白头海雕的受重视程度了。

白头海雕外观美丽、性情凶猛，头上有丰满的羽毛，它的最大特点是两头白，即白头白尾。未成年的白头鹰，通体羽毛是深棕色的；4～6岁成年后，白头鹰头部、颈部和尾部的羽毛逐渐变成白色。成年白头海雕的眼、虹膜、嘴和脚为淡黄色；头、颈和尾部的羽毛为白色，身体其他部位的羽

毛为暗褐色，十分雄壮美丽。

一只完全成熟的白头海雕，体长71～96厘米，翼展168～244厘米，重量3～6.3公斤。平均寿命15～20年，被豢养的可活到50岁左右。

白头海雕有双大眼睛，它的视觉清晰

度超乎寻常，比人类清楚三倍，使它们能够更容易瞧见猎物的藏身处。它的足底粗糙如砂纸，这有助于它们抓紧如鱼或蛇这样身体滑腻的猎物。它的足很大，有15厘米之长。

爪子尖利无比，在白头海雕捕获猎物时，它的后爪会深深插入猎物的体内，刺穿心脏或肺部等要害器官；白头海雕的骨架轻薄中空，重量还不及其羽毛重量的一半。尾部还有一个特殊的腺体，在受压时会分泌出油状液体，雕把这种液体涂在羽毛上可以帮助羽毛防水，保持羽毛整齐。

白头海雕是日间捕食性鸟类，常成对出猎，以大马哈鱼等大型鱼类为主食，也捕食海鸥等水鸟和生活在水边的小型哺乳动物。常栖息于河流、湖泊或海洋沿岸。捕食时在海面或湖面盘旋，锐利的目光搜索贴近水面游动的鱼类，一旦发现目标，便急速俯冲捕获。它有

时也会像军舰鸟一样"拦路抢劫"，去抢鹗已经捕到的鱼，或者通过观察别的雕的聚集位置来判断在什么位置能找到食物。

白头海雕彼此有多少交往要依一年中的不同时间而定。春夏季，成年白头海雕为便于捕鱼，筑巢于河流、湖泊或海洋沿岸的大树上。这期间，准备繁殖配对的白头海雕会紧守着自己的地盘。它们很少和其他白头海雕接触，除非是为了赶走入侵者。年龄太小、还不能交配的雕在暖和的月份里则东寻西探，了解周围的环境，努力地生存下来。在冬季迁徙期间，白头海雕彼此会交往得多一些。一大群一大群的白头海雕常常会聚集在一个丰富的食物源周围。生物学家认为，这些冬季的聚居能为年轻的成年雕提供一个可能与配偶相遇的场所。

白头海雕为终生配偶制。到了繁殖季节，白头海雕常成群地集中到一些食物比较丰富的地区，将巢筑于悬崖峭壁上，或者参天大树的顶梢上。筑巢的材料主要是树枝，里面也铺垫

一些鸟羽和兽毛。白头海雕和其他鹰类一样，也喜欢利用旧巢，并且在繁殖期间不断地进行修补，使巢变得越来越庞大，一般直径可达2.8米，厚可达6米，重量可达2000千克。

雌鸟产卵一般在11月上旬，有的早些，有的晚些，时间可以相差几个月。鸟类通常在孵化开始之后便再不产卵，但白头海雕却与众不同，雌鸟每窝产卵2枚，在产下第一枚卵后就开始孵化，在孵化初期再产第二枚卵，这样雏鸟出壳的日期先后可以相差几天，因此先出壳的雏鸟往往比后出壳雏鸟大许多。当食物极端缺乏时，便导致同窝雏鸟自相残杀的悲剧。先出壳雏鸟如果没有食物可吃，便会把后出壳的雏鸟当作食物吃掉。

雏鸟由雄鸟和雌鸟共同觅食抚育。通常都是喂给它们小鱼或小型哺乳动物，在喂给雏鸟之前要先撕成碎片。随着雏鸟不断长大，饲喂的食物块也越来越大，最后便将整个的食物放在巢中，任其啄食。到了育雏期的晚期，每次喂给的食

物的量增多了，但喂给的次数却逐渐减少。

雏鸟出壳后一般需要经过4个月，才能长成幼鸟，这时的体形已经与成鸟相差无几，体重甚至会超过成鸟。幼鸟全身的羽毛都是栗褐色，头部和尾部都没有白色的羽毛。幼鸟在亲鸟的诱导下，开始练习用双脚捕捉猎物或抓取巢材。在练习过程中，幼鸟的肌肉力量不断增强，体重也有所下降。但是，幼鸟羽毛的颜色变化十分缓慢，一般需要5年左右，才能变成成鸟的羽色。小雕3个月后离巢独立生活。

白头鹰体态威武雄健，只产于北美，是北美洲的独有物种，所以又叫美洲雕，异常珍贵，是北美洲唯一的海鹰。白头海雕居住在北美洲的变化的栖所从多沼泽的支流、路易斯安那以及东部落叶林、魁北克和新英格兰。北部的白头海雕属候鸟，而南部的白头海雕为留鸟。

白头海雕早先养殖在北美洲中部，但在它的最低数量主要限于阿拉斯加、阿留申群岛北部和东加拿大和佛罗里达。1963年时，白头海雕在北美其实已濒临灭绝，只有美国阿拉斯加州和加拿大还有它们的踪迹。后来经过美国政府多年的精心保护，2003年的时候，在美国本土的48个州已经有一万多对白头海雕。

日本国鸟——绿尾虹雉

绿尾虹雉（日本雉）别名绿雉、贝母鸡等，仅见于日本，种内执行一夫一妻制，1947年被定为日本的国鸟。日本选绿雉作国鸟的故事在一本名为《鸟的杂学事典》（2004年，日本实业出版社）里面曾有提到：1947年，当时日本国内保护鸟类的思想并不普及，到处都有捕捉野鸟的情况。驻守日本的盟军司令部任命的奥斯丁博士为了要改变这个陋习，便督促当时的农林省制定更严格的狩猎法律，同时文部省（教育部）也要加强爱鸟教育。爱鸟日（4月10日）就是那时候开始，以后演变为爱鸟周的（5月中旬）。

当时日本的文部省为了推

类学家参加。那次会议讨论中经过投票选出了绿雉（其他提出来的种类包括鸽子、云雀、树莺、铜长尾雉等），并公布了选绿雉作国鸟的理由：

广保护鸟类，决定要选国鸟。在1947年3月22日，日本鸟学会举行第81回例会，共有22名鸟

（1）这是日本的特产，在本州、四国、九州几个大岛是留鸟，容易见到。

（2）雄鸟色彩美丽、个性勇敢，雌鸟有强烈的母爱。（日本传说中，在大火燎原的时候，母雉仍不会舍巢而去，会不顾危险伏在巢上保护它的卵。）

（3）它在日本的文学与艺术当中占重要位置。日本古老童话里有个故事叫桃太郎的，绿雉就是桃太郎其中一个伴（另外还有一只猴子和一

只狗），日本的男女老少都知道这故事。

（4）绿雉是狩猎鸟，而且好吃。（现在看起来，这个理由真不可思议，但在那时却是个一本正经的理由。）

就这样，绿雉成了日本国鸟。在日本于1984年（昭和59年）11月1日发行的，目前仍在继续流通的10000日圆（票幅尺寸为76×160毫米）纸钞的背面图案中，就出现了一只雄雉和一只雌雉。

绿雉是大型鸡类，全长约58～80厘米，体重692～1400克。绿雉长得很漂亮，羽毛非常美丽，与一般雉类的形状一样，只是羽毛特别鲜艳。雄鸟头顶、脸的下部及耳羽等都闪着绿色虹光，

向后转为金属赤红色，从头顶后部耸起冠羽覆盖着颈部，呈金属青铜色，向后转为红铜色；后颈和颈侧以及背的前部

呈金属红铜色，背的中部、肩羽及翅上覆羽等转为紫铜色，并闪着金属绿蓝色；下背及腰部羽白色。飞羽黑褐具绿缘，尾羽蓝绿色。下体黑色，嘴角灰色，脚黄灰色。上体羽毛在阳光的照射下犹如雨后的彩虹故成"虹雉"，因其尾绿，故得名"绿尾虹雉"。

雌鸟体羽暗褐色，背白色，飞羽及尾羽具褐色横斑。繁殖季节雄雉头部有竖起的冠羽，体羽蓝绿色具金属光辉，尾羽很长，而且色彩丰富，因此常被古代武将用做头盔上的装饰。绿雉与国产雉的区别是绿雉的颈部没有白环。

绿雉栖息于海拔3000～5000米的灌丛、草甸及裸岩处。尤其喜欢多陡崖和岩石的高山灌丛和灌丛草甸，冬季常下到3000米左右的林缘灌丛地带活动。食植物根、茎、叶、花及昆虫，主要用嘴挖掘块根和啄食，很少用爪来刨食，它们呈钩形粗壮有力的喙应也是为适应这种生活而进化出来的。嗜食贝母根茎，故又称"贝母鸡"；冬季由于高山积雪过厚，难以找到砂砾，这时它就吞吃火炭，因此又名"火炭鸡"；又因它的

嘴很坚固，而且前端弯曲呈钩状，很像老鹰的嘴，称为"鹰鸡"。

绿雉常成对或小群活动，冬季有时也集成8～9只甚至10余只的较大群体。腿脚强健有力，善于奔跑，性情机警，一有动静即伸颈观望，如发现危险，则立刻钻入灌丛或飞奔而逃。能在飞行时借助气流向上的举力，自低处向高空盘旋翱翔，这种现象在其他鸡类中是少见的。

春夏季喜欢鸣叫。雄鸟立于岩石，重复发出guli声，雌鸟有时发出同样叫声；雄鸟炫耀时发出guo-guo-guo的短叫声；受惊吓时发出低声的geee叫声；冬季偶尔发出单调的a…awu声。

绿雉雄鸟的毛十分美丽，但十分好斗。有的雄鸟1月份就开始发情，但大多数在4～5月才发情，雄鸟"咯咯"蹄鸣不止，声音清脆洪亮，远处可闻。这时，雄鸟频频拍动翅膀，一轻盈的舞姿向雌鸟求爱。这时的雄鸟还可以表演一种特殊的求偶飞行，它从陡崖上呈滑翔式俯冲直下，尾羽散

开，先是盘旋，然后又俯冲，并伴随着尖厉的叫声。

而这一时期的雌鸟会选择在人迹罕至的野草丛或山林中，用草茎、枝叶构筑简单的巢。繁殖期为4~6月。每窝产卵3~5枚，黄褐色，具大小不同的紫褐色斑。孵化期28~30天，早成鸟，2~3岁性成熟。孵化出来的幼雏，一出蛋壳便能跟随雌雉走动和自己觅食，十分可爱。

绿尾虹雉是世界上最难饲养的鸟类之一。北京动物园1958年首次饲养展出绿尾虹雉，1980年繁殖成功。目前北京野生动物园拥有全世界最大的人工繁殖育种群，总数达13只。据北京动物园的研究，在人工饲养的条件下，绿尾虹雉在每年的4至5月间产卵繁殖，每巢产卵3至5枚，卵呈暗棕黄色，被大小不一的紫色斑点。

绿尾虹雉全球性易危鸟类。过去常见，现已罕见。日本分布较多，是该国的国鸟，常栖息于平原和农田中。在中国则分布于四川西部海拔3000~4900米的山区，并边缘性地见于中国云南西北部、西藏东部、青海东南部及甘肃南部。

印度国鸟——蓝孔雀

全世界共有3种孔雀，即蓝孔雀、绿孔雀及刚果孔雀。印度分布的孔雀属于蓝孔雀，又叫印度孔雀。1963年1月，印度政府宣布孔雀为"国鸟"，受宗教和法律两方面的保护。在印度孔雀地位尊贵，禁止销售，甚至不许私带出境，但允许用野孔雀毛做扇子、笤帚和装饰物，据说这还能为使用者带来好运和仙气。

在印度，关于孔雀的民间故事很多。传说印度教舞蹈之王湿婆有个儿子迦尔迪盖耶，曾坐着孔雀云游四方；耆那教的神祖以及战神卡提科亚也都把孔雀选为骑乘工具，甚至封孔雀为鸟王。印度人世世代代喜爱孔雀，多将其形象雕于建筑上，刻在器皿上或塑在庙宇中。

公元前4世纪，印度历史上出现了一支号称孔雀族的强大部落。经数年征战，他们扫荡群雄，成立了一个空前强大的王朝——孔雀王朝。尤其是第三代帝王阿育王，他的统治时期成为印度历史上最为辉煌的时代。他统一了印度次大陆，把释迦牟尼的佛教定为当时印度的国教，他皈依佛门、讲信修善、公平慈爱、杜绝荤腥，被后人推崇备至。

蓝孔雀雄鸟头上具冠羽，眼睛的上方和下方各有一条白色的斑纹。头顶、颈部和胸部呈灿烂的蓝色，翅膀上的覆羽为黑褐色，飞羽黄褐色，腹部深绿色或黑色，尾上的覆羽形成尾屏；雌鸟头上具冠羽，头顶、颈的上部为栗褐色，羽缘带有绿色，眼眉、脸部和喉部为白色，颈下部、上背和上胸部为绿色，上体其余部分为土褐色，翅膀具白色的边缘，下胸部暗褐色，腹部暗黄色，虹膜褐色，腿、脚角褐色；雌鸟的羽毛主要为灰绿色。

雄性蓝孔雀的总长度可达约两米，重4~6千克，尾羽约152厘米长，可以竖起来像一把

蓝孔雀生活在干燥的半沙漠化草地、灌木和落叶林地区，在地面上觅食和筑巢，但在树上栖息，主要以种子、昆虫、水果和爬行类为食。蓝孔雀栖息于从平原、长有稀树的草原开阔地带到高山地带的森林、灌丛中，喜欢在靠近溪流处生活，一雄多雌集小群活动，晚上则栖息在高枝上。蓝孔雀虽不善远距离飞翔，双腿却十分强健，奔走如驰。性机警，鸣叫声非常洪亮，以野果、草籽、芽苗和昆虫、蜥蜴等小动物为食。由于

扇子一样"开屏"，尾羽上反光的蓝色的"眼睛"可以用来吓天敌，天敌可能会将这些眼睛当作大的哺乳动物的眼睛。假如天敌不被吓走的话蓝孔雀还会抖动其尾羽，发出"沙沙"声。行为生物学认为雄性蓝孔雀的长的尾羽可以用来标志一头动物的健康状况，雌性蓝孔雀也比较容易受"眼睛"多的雄鸟的吸引。与雄鸟对比来看，雌鸟比较小，很不显眼，其身长仅约一米，重2.7～4千克。

蓝孔雀吃年幼的眼镜蛇，因此它们在印度非常受欢迎，在许多地方它们不会遭到捕猎，它们可以非常亲人。

孔雀是多配偶的鸟，每只雄鸟约与五只雌鸟生活在一起。蓝孔雀的繁殖期从4～8月，每次产4～8枚蛋，蛋白色至乳黄色，孵卵期为28～30天。在繁殖期里雄鸟非常凶，甚至会攻击自己镜子里的形象，只有雌鸟参与孵化。雏鸟的羽毛是淡棕色的，背部的颜色稍微深一些，未成年的幼年的羽毛颜色类似雌鸟，在两至三年后性成熟。

蓝孔雀野外分布于印度、斯里兰卡、巴基斯坦和尼泊尔等地。早在4000年前孔雀就已经被人类带到了地中海地区，因此孔雀是人类饲养最早的观赏鸟类，今天世界各地均有孔雀被饲养，在饲养过程中也产生了黑翅膀的孔雀和白孔雀。由于孔雀是留鸟，因此在许多公园中它们可以自由活动。

蓝孔雀是一种极其名贵的观赏、食用和药用动物。人工养殖蓝孔雀不单扩大了观赏动物资源，也给高级工艺品、生物制品提供了原料。蓝孔雀还是野味浓郁的肉用珍禽，产肉多，全净膛屠宰率达80%，蓝孔雀肉的蛋白质含量为28%，

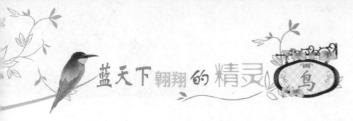
脂肪约为1%，富含十几种氨基酸及多种维生素。早在一千多年前的药典《新修本草》中就对孔雀的食用和药用价值作了记载。明代李时珍的《本草纲目》对于孔雀的药用价值又有了更明确的说明："食孔雀肉辟恶，能解大毒、百毒、药毒，服食孔雀肉后服药必不效，为其解毒也。"甚至早在埃及、古罗马以及在欧洲中世纪时期人们已经开始吃孔雀肉了。

蓝孔雀的羽毛也深受欢迎，畅销海内外。由于住房条件的不断改善，许多人已将蓝孔雀列为庭院玩赏鸟饲养，民间甚至有孔雀到谁家，谁家就吉祥的说法。蓝孔雀的繁殖和培育成本较低，经济效益较好，发展蓝孔雀养殖是既能陶冶情操，又能带来财富的新兴产业。

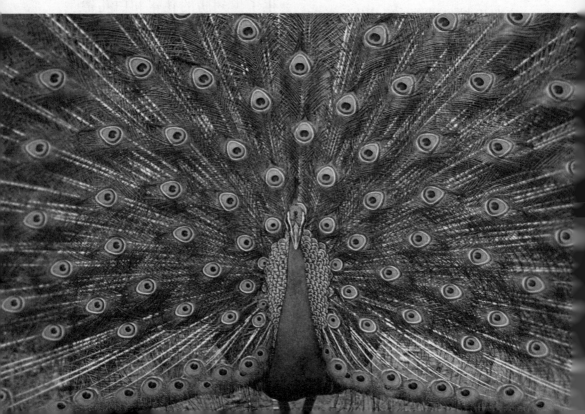

危地马拉国鸟——凤尾绿咬鹃

凤尾绿咬鹃又名格查尔鸟、爱沙尔克鸟，俗称绿咬鹃、大咬鹃，为濒危物种，属于《华盛顿公约》附录第一类保护动物。凤尾绿咬鹃于1872年被定为危地马拉的国鸟。在危地马拉的国旗与国徽上都有一只凤尾绿咬鹃，危地马拉的货币也叫格查尔。

凤尾绿咬鹃在中美洲的神话传说中占有重要地位。在古代玛雅和阿兹特克文明中，凤尾绿咬鹃被认为是羽蛇神的化身，象征着天国与灵

魂，是一种受到尊崇的圣鸟，只有国王和高级祭司才可佩戴有这种长达一公分翡翠般的尾羽。在他们的社会中，绿咬鹃亮绿的尾羽是比黄金还珍贵的物品，严禁杀死绿咬鹃，违者处以极刑。

据传，西班牙殖民者入侵之前，绿咬鹃总是美妙地歌唱着，殖民者入侵之后便开始沉默。当危地马拉解放之后，它们又开始欢唱了。绿咬鹃从未被人们长时间喂养过，总是在被捕捉到之后一段时间内死去，出于这个原因，人们把它看作是自由的象征。

咬鹃体长38~41厘米，它的脚趾与其他鸟类均不相同：1、2趾向后，3、4趾向前，为异趾形。幼年的凤尾绿咬鹃保留有一双原始的爪，就像始祖鸟或翼龙的爪，成年后消失。凤尾绿咬鹃又叫做"阿兹特克鸟"，是咬鹃中体型最大的，加上尾羽可长达70厘米。咬鹃是色彩鲜艳的鸟类，有着极其华丽的外表：绿色的羽毛，红色的胸部上具狭窄的半月形白环，雄性绿咬鹃还有几只如同凤凰一样平滑且长长的尾羽，是美洲最美丽的鸟类之一。

咬鹃栖息于森林地带，杂食，丛林中的昆虫、水果、青蛙都是它们的食物，也吃植物果实等。其营巢于树洞中。

凤尾绿咬鹃于每年3～6月交配繁殖，营巢于距地面20～30米高的树洞中。雌鸟每窝产卵2枚，卵呈淡蓝色，孵化期约17～19天，幼鸟出世后由双亲哺育3个星期左右即可独立生活。新生幼鸟的翅中保留有一双原始的爪，成年后消失，这一点类似于麝雉，说明它也是一种原始鸟类。

咬鹃科是热带森林中的攀禽，分布于墨西哥南部、尼加拉瓜、哥斯达黎加和巴拿马等地。

阿根廷国鸟——棕灶鸟

灶鸟分布于拉丁美洲，有55属212种，分布在南美洲南半部开阔低地。棕灶鸟是阿根廷的国鸟，在阿根廷分布极为普遍，深受阿根廷人民的喜爱。因其巢非常独特，半球型，像个面包烤箱，人们赞赏其"建筑技艺"高超，故有"面包师"之美名。西班牙语"elhornero"即为烤箱之意。

典型的灶鸟体型较大，头颈部常有装饰性羽毛或肉垂等，腿细长，适合在开阔的草原上生活，常在垃圾堆上觅食无脊椎动物，多栖息于密林中的乔木上。

德国国鸟——白鹳

白鹳的中文学名是白鹳，是德国国鸟。在欧洲，自古以来白鹳就一直被认为是"带来幸福的鸟"，是吉祥的象征，是上帝派来的"天使"，是专门来拜访交好运的人的。老人们也常对小孩子说，"婴孩都是鹳鸟送

来"，所以人们又称它为"送婴鸟"。法国的亚尔萨斯人为保护作为好运象征的白鹳，还专门成立了一个援助白鹳的委员会。在德国，自白鹳被选为国家的国鸟以后，不少家庭特地在烟囱上筑造了平台，供它

们造巢用。

白鹳属于大型涉禽（135厘米），体羽除小翼羽、初级覆羽和初级飞羽为黑色外，其余为纯白色。虹膜为黄色，脸上裸皮猩红，嘴橘黄，脚粉红，幼鸟呈金棕色。飞行时头颈前伸，两腿后伸，飞行时发出欢快、轻柔、悦耳的koonk koonk声，清脆响亮，能引起强烈的共鸣，声音可以传到3～5千米以外。

白鹳以水生植物根、茎为食，也吃少量的蚌、鱼、螺等。白鹳是候鸟，到秋天和春天时集成大群迁徙，这也给白鹳的生命造成了很大的威胁。因为迁移时最主要的能量来源就是体内脂肪，所以它们要在迁徙前吃饱喝足，不过这还是不够。在食物资源丰富的中途站，白鹳短短几天就可以让体重增加一倍，这种觅食效率是很惊人的。

白鹤在休息时，不是始终用同一只脚，而是右脚站了一会儿，就换上左脚，用两只脚交替着站，以免疲劳，这样可以轮流放松。同时，用一脚站着，可以望得更远，以警惕敌害的突然袭击。如果在睡觉时敌害来了，马上就可以逃跑，要飞走，也比爬起来以后再飞快多了。而当它们站在湖塘中水较深的地方，或是低着头找食的时候，从来也不用一只脚站立，而必须两脚都着地，这样才可以保持身体的平衡。当然，在孵化后代期间，它们也和别的鸟一样把身子蹲下来。

白鹤每年6~8月份在内蒙古、黑龙江繁殖，到了冬天就经过长途跋涉到长江中下游过冬。白鹳筑巢于沼泽地土丘或水中小岛上，每窝产卵2枚，雌雄轮流孵卵，孵卵期约30天。幼鹤85天后才有飞翔能力，在这85天里小白鹤是非常危险的。白鹤寿命约50~60年，北京动物园1957年首次饲养展出白鹤，1989年繁殖成功。

白鹤主要分布繁殖于俄罗斯的东南部及西伯利亚，越冬

在伊朗、印度西北部及中国东部。但白鹳是一种世界性的鸟类，在我国也有存在，一般分布在东北、西北、东南沿海，以及东北、华北、西南一带。但亚洲的白鹳与欧洲的白鹳不

尽相同，最大的区别在于欧洲白鹳的嘴是红色的，而亚洲东部的白鹳嘴是黑色的。

近年来，据动物学者统计发现，在中国鄱阳湖自然保护区越冬的白鹤已达2896只，而这个数字占到全球白鹤总数的98%以上。由于鄱阳湖的气候、水土以及其他生态条件得天独厚，所以白鹤群自从来此定居后，简直流连忘返，鄱阳湖成了举世瞩目的白鹤王国。白鹤栖息于芦苇沼泽湿地，是湿地保护的重要物种，属于中国国家一级保护动物。

而对鄱阳湖的湖水水位控制，以及人类的干扰如割草、放牧、捕鱼、湖区行船等都不同程度地干扰白鹤的栖息。当湖水水位低于14.4米时，白鹤、白枕鹤将会飞走，因此水利开发造成的水位下降是对越冬的白鹤种群的最重要致危因素。

瑞典国鸟——乌鸫

乌鸫是鸫科鸫属的鸟类，分布于欧洲、非洲、亚洲和中国。其常栖息于林区外围、小镇和乡村边缘，甚至瓜地，亦见于平野、园圃、乔木上以及有时在垃圾堆和厕所附近觅食。乌鸫是杂食性鸟类，食物包括昆虫、蚯蚓、种子和浆果。雄性的乌鸫除了黄色的眼圈和喙外，全身都是黑色。雌性和初生的乌鸫没有黄色的

眼圈，但有一身褐色的羽毛和喙。

乌鸫是瑞典国鸟。其身长24~25厘米，翼展34~38.5厘米，体重80~110克，寿命16年。雄鸟全身大致黑色，上体包括两翅和尾羽是黑色。下体黑褐，色稍淡，颈缀以棕色羽缘，喉亦微染棕色。嘴黄，眼珠呈橘黄色，羽毛不易脱落，脚近黑色。嘴及眼周橙黄色。雌鸟较雄鸟色淡，喉、胸有暗色纵纹。

乌鸫分布于欧亚大陆及非

洲北部（包括整个欧洲、北回归线以北的非洲地区、阿拉伯半岛以及喜马拉雅山—横断山脉—岷山—秦岭—淮河以北的亚洲地区）、印度次大陆及中国的西南地区（包括印度、孟加拉、不丹、锡金、尼泊尔、巴基斯坦、斯里兰卡、马尔代夫以及中国西藏的东南部地区等）。中国为长江口至天山一线以南的广大地区留鸟，在海南为冬候鸟。其种群数量较多。

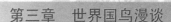

乌鸫栖落树枝前常发出急促的"吱、吱"短叫声，歌声嘹亮动听，并善仿其他鸟鸣。其胆小，眼尖，对外界反应灵敏。主食各种昆虫幼虫、蚂蚁、淡水螺、蟑螂等，也吃樟籽（食后将籽核吐出）、榕果等果实以及杂草种子等植物。

乌鸫4～7月繁殖，巢大都营于乔木的枝梢上或树木主干分支处、距地面约3米，棕榈叶柄间等处筑碗状巢，以枝条、枯草、松针等混泥筑成深杯状。每窝产卵4～6枚，淡蓝灰色或近白色，缀以赭褐色斑点，由雌鸟孵化。乌鸫的人工饲养应注意以下几点：

（1）鸟的选择

乌鸫为中国南方喜欢饲养的歌鸟。野生成鸟野性大，难驯熟，常因过度撞笼而死亡，故多掏取幼鸟人工喂养。雌性成鸟与雄鸟稍不同，上体包括

两翅和尾羽均黑褐色，背部色稍淡；颏和喉浅栗褐色，缀以暗纹；下体余部亦黑褐，但稍

沾栗。幼鸟雌雄较难区分，一般认为雄性幼鸟初级飞羽有明显金属光泽，而雌性幼鸟无此光泽或不明显。

（2）选笼特点

饲养乌鸫用八哥笼为宜，也可用画眉笼，或自制类似大小、亮底、条间距2厘米的竹笼。

（3）饲料喂法

掏到乌鸫雏鸟，一般喂豆制品（如白豆腐干或白豆腐皮），切成适口小块用竹签挑着喂；最好再加新鲜肉沫拌粉料（如点额粉、雏鸡料搓的20%的熟鸡蛋黄等）调成稠粥状，用竹蓖挑着喂。成年乌鸫以鸡蛋大米或鸡蛋小米为常备饲料，每天喂一食缸软料（肉沫＋熟鸡蛋＋水果沫＋菜沫＋昆虫），两小时内吃完为度。

（4）管理调教

大约10月份，幼乌鸫已换成鸟羽衣，是学口的好时期，应开始遛鸟。每天清晨提鸟笼到公园或郊外让它聆听鸟叫，或使其跟"教师鸟"学口。

饲养乌鸫日常管理的重点是食水的卫生，笼子和用具的清洁。夏季每天水浴一次，冬季设法提高室温，保证每周水浴一次。换羽期饲料中一定要补充维生素和微量元素添加剂，否则常会因脱不下羽毛而难以过冬。

荷兰国鸟——白琵鹭

白琵鹭，中文俗名是琵琶嘴鹭、琵琶鹭，是荷兰的国鸟。因嘴极像琵琶，故而得名。

白琵鹭体长为70～95厘米，体重2千克左右，属大型涉禽。黑色的嘴长直而上

下扁平，前端为黄色，并且扩大形成铲状或匙状，像一把琵琶；虹膜为暗黄色，黑色的脚也比较长；夏季全身的羽毛均为白色，后枕部具有长的橙黄色发丝状冠羽，前颈下部

具橙黄色颈环，额部和上喉部裸露无羽；冬季的羽毛和夏羽相似，全身也是白色，但后枕部没有羽冠，前颈部也没有橙黄色的颈环。

白琵鹭栖息于开阔平原和山地丘陵地区的河流、湖泊、水库岸边及其浅水处；也栖息于水淹平原、芦苇沼泽湿地、沿海沼泽、海岸红树林、河谷冲积地和河口三角洲等各类环境，很少出现在河底多石头的水域和植物茂密的湿地。

白琵鹭常成群活动，偶尔亦见有单只活动的。休息时常在水边成一字形散开，长时间站立不动，受惊后则飞往他处，性机警畏人。它飞翔时两翅鼓动较快，平均每分钟鼓动达186次左右，而且时常排成稀疏的单行，或成波浪式的斜列飞行。白琵鹭既能鼓翼飞翔，也能利用热气流进行滑翔，而且常常是鼓翼和滑翔结合进行，在一阵鼓翼飞翔之后接着是滑翔。飞行时两脚伸向后方，头颈向前伸直。

白琵鹭主要以虾、蟹、水

生昆虫、昆虫幼虫、蠕虫、甲壳类、软体动物、蛙、蝌蚪、蜥蜴、小鱼等小型脊椎动物和无脊椎动物为食，偶尔也吃少量植物性食物。觅食主要在早晨和黄昏，也常在晚上结成小群觅食，偶尔也见有单独觅食的。多在不深于30厘米的水边浅水处觅食，在海边常在潮间带和河入海口处觅食。繁殖季节有时飞到离营巢地10至20公里的地方觅食，甚至有的到离营巢地35至40公里远的地方去觅食。觅食不是通过眼睛直接捕食可见食物，而是一边在水边浅水处行走，一边将嘴张开，伸入水中左右来回扫动，就像一把半圆形的镰刀从一边到另一边来回割草一样。嘴通常张开5厘米，嘴尖直接触到水底，当碰到猎获物时，即可捉住。有时甚至将嘴放到一边，拖着嘴迅速奔跑觅食。

白琵鹭主要在东北、华北、西北一带繁殖，在欧洲的繁殖地，仅限于荷兰和西班牙。在我国北方繁殖的种群均为夏候鸟，春季于4月初至

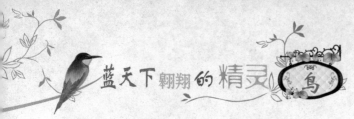

4月末从南方越冬地迁到北方繁殖地，秋季于9月末~10月末南迁。多在白天迁飞，傍晚停落觅食。在我国南方繁殖的种群主要为留鸟，不迁徙。白琵鹭成群营巢，由几只到近百只组成。有时也与鹭类、琵鹭类和其他水禽组成混合群体营巢。通常营巢在有厚密芦苇、蒲草等挺水植物和附近有灌丛或树木的水域及其附近地区，有时也置巢于地上。白琵鹭多在低海拔的平原地区营巢，但在亚美尼亚也发现有在近2000米的高原湖泊营巢。营巢位置和觅食地之间的距离通常不远于10~20公里。巢彼此挨得很近，一般1~2米，有时甚至彼此紧挨在一起。巢较简陋而庞大，通常用芦苇和芦苇叶构成，有时也用部分枯的树枝，内放草茎和草叶，营巢位置可多年使用，雌雄亲鸟共同参与营巢。

白琵鹭繁殖期为5~7月，此时常发出像小猪"哼哼"一样的叫声，以及兴奋时用长嘴上下敲击所发出的"嗒嗒"声。每窝产卵通常3~4枚，卵呈椭圆形或长椭圆形，颜色为白色，具有细小的红褐色斑点。通常间隔2~3天产一枚卵，产出第一枚卵后即开始孵卵，但直到卵产齐为止，通常都仅晚上孵卵。孵卵由雄鸟和雌鸟共同承担，孵化期为24~25天。雏鸟为晚成性，孵出后由亲鸟共同抚育，喂食时雏鸟将嘴伸入亲鸟嘴中取食。45～54天左右雏鸟即可飞翔，但此时并不离开亲鸟，而是在亲鸟带领下逐渐开始自己觅食。亲鸟在开始时也喂食，但

部海岸，越冬于马里、苏丹、波斯湾、印度、斯里兰卡，日本南部等地。

目前世界上白琵鹭的种群数量约有31000～34500只，但各地的种群数量普遍不高，多

以后逐渐减少，直至停止喂食。

在中国，白琵鹭夏季或许繁殖于新疆西北部天山至东北各省，冬季南迁经中国中部至云南、东南沿海省份、台湾及澎湖列岛，冬季有过千只成群于鄱阳湖（江西）越冬的纪录。

在国外，白琵鹭繁殖于欧洲、印度、斯里兰卡和非洲北

数国家都只有很少几百对繁殖种群，并且呈逐年下降趋势。在一些国家，如罗马尼亚，则已经完全消失。据1990年和1992年冬天在亚洲的调查，1990年冬季种群数量为8005只，其中我国有763只。1992年冬季种群数量为10366只，其中我国为892只。

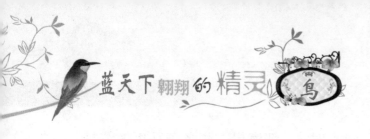
卢森堡国鸟——戴菊

戴菊是卢森堡国鸟，体小（9厘米）而圆，喙短；体羽绿灰色，头顶有浅色斑纹；翼上具黑白色图案，以金黄色或橙红色（雄鸟）的顶冠纹并两侧缘以黑色侧冠纹为其特征。上体全橄榄绿至黄绿色，下体偏灰或淡黄白色，两胁黄绿。其虹膜深褐色，嘴黑色，脚偏褐色。

戴菊虽色彩明快且偏绿色似柳莺，但其眼周浅色使其看似眼小且表情茫然，不可能与

任何一种中国的柳莺混淆。幼鸟无头顶冠纹，无过眼纹或眉纹，且头大，眼周灰色，眼小似珠。

戴菊鸣叫声音尖细而高，为高调的重复型短句，至华彩乐段收尾。巢高挂，以苔藓织以蛛丝构成，巢小，每产5～10个卵，要排两层。

戴菊主要分布在古北界，从欧洲至西伯利亚及日本，包括中亚、喜马拉雅山脉及中国。常见于多数温带及亚高山针叶林，通常独栖于针叶林的林冠下层。该物种已被列入国家林业局2000年8月1日发布的

《国家保护的有益的或者有重要经济、科学研究价值的陆生野生动物名录》。

丹麦国鸟——云雀

云雀是一类鸣禽，在高空中振翼飞行时发出鸣叫，为持续的成串颤音及颤鸣，告警时发出多变的吱吱声。由于它在飞到一定高度时，稍稍浮翔，又疾飞而上，直入云霄，故得名云雀。

云雀的喙由于种类的不同，可能有多种多样的形态。有的细小成圆锥形，有的则长

而向下弯曲。它们的爪较长，有的很直。羽毛的颜色像泥土，有的呈单色，有的上面

有条纹，雄性和雌性的相貌相似，身长大约13至23厘米。其虹膜深褐色，嘴角质色，脚为肉色。

多数云雀以地面上的昆虫和种子为食。所有的云雀都有高昂悦耳的声音，在求爱的时候，雄鸟会唱着动听的歌曲，在空中飞翔，或者响亮地拍动翅膀，以吸引雌鸟的注意。由于习性和产地的关系，属于雀形目其他科的一些鸣鸟，如北草地鹨等也有叫云雀的。

云雀繁殖地点分布从欧洲至外贝加尔、朝鲜、日本及中国北方；越冬至北非、伊朗及印度西北部、西伯利亚。但冬季见于中国华北、

华东及华南沿海。

目前全世界大约有75种云雀，主要分布在旧大陆地区，只有角云雀原产于新大陆。原产于欧洲的云雀都先后引进到澳大利亚、新西兰、夏威夷和加拿大的温哥华岛。该物种已被列入国家林业局2000年8月1日发布的《国家保护的有益的或者有重要经济、科学研究价值的陆生野生动物名录》。

第四章 神奇的鸟类世界

　　鸟类世界中有各种各样的鸟，有些常见，有些至今还很神秘。人们根据它们的特点给它们起了有趣的名字，如大鸨是百鸟之妻，鸳鸯是恩爱夫妻，鸽子是带翅膀的通信员等等。这些名字一方面说明了它们的某些特点，一方面也表现了人们对它们的喜爱，甚至有些名字后面还隐藏了一些有趣的故事传说。

百鸟之妻——大鸨

大鸨的中文俗名有地鵏、老鵏、野雁、独豹、羊鵏、青鵏、鸡鵏、套道格。其雄鸟和雌鸟的体形相差十分悬殊，是现生鸟类中体重差别最大的种类。雄鸟体长为75～105厘米，两翼展开达2米以上，体重为10～15公斤。其体形粗壮，颈长而粗，腿粗而强，脚上有3个粗大的趾，很适于奔走。头和颈都是灰色，后颈的基部至胸前两侧有宽的棕栗色横带，形成半圆的领圈。上体为淡棕色，并具有细的黑色横斑，形成斑驳的保护色，在沙漠中不易被天敌发现。下体为灰白色，两翅的覆羽均为白色，在翅上形成大形白斑，同黑色的飞羽形

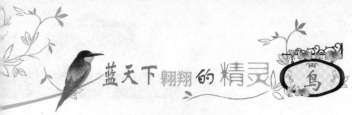

50厘米，体重不到4千克，喉侧也无胡须状物，常被称为石鸨。这种鸟乍看呆头呆脑，其实十分机警，常昂首观察周围动静，以防敌害袭击。

大鸨过着一种群体生活，据说它们的名字的来源就是因为它们总是七十只在一起形成一个小群体。因此，人们在描述时，就在"鸟"的左边加上"七十"，"鸨"就由此而得名。在古代曾流传着大鸨是

成鲜明对比，飞翔时极为醒目。雄鸟下颏的两侧还生有细长而突出的白色羽簇，状如胡须，所以被当地牧民称为羊须鸨。雌鸟体形较小，体长不足

"百鸟之妻"的错误说法。说大鸨只有雌鸟而无雄鸟，可以与任何一种雄鸟交配而繁衍后代。这种错误说法都是由于当时科学不发达，对大鸨繁殖习性不了解所致。这种错误说法很可能是由于大鸨鸟雌雄的羽毛颜色很

接近，同时繁殖期间雄鸟大鸨不孵卵、不筑巢，也不照顾雏鸟，所以在人们的印象中是没有雄鸟的。实际上大鸨与其他鸟类一样有雌有雄，每年4～5月间是它们的繁殖季节，此时，雄鸟常把尾部的羽毛朝天竖起，脖子和翅膀上的羽毛也直立起来，同时将胸部鼓成球形。在雌鸟面前一摇一摆地来回扭动，并发出"咝咝"的声音。经过短暂求爱之后便进行交配，完毕各奔东西，"生儿

111

育女"的重任基本落在雌鸟身上。

大鸨在国外主要分布于欧洲南部、摩洛哥北部、中东、阿富汗北部、中亚、西伯利亚南部、蒙古，往东一直到俄罗斯东部，偶尔也见于印度和日本。

大鸨共分化为2个亚种，在我国均有分布，普通亚种繁殖于黑龙江的齐齐哈尔，吉林的通榆、镇赉，辽宁西北

部以及内蒙古等地，越冬于辽宁、河北、山西、河南、山东、陕西、江西、湖北等省，偶尔也见于福建。大鸨在我国内蒙古东北部地区草原地带繁殖后代，冬季迁至华北平原及长江流域附

近。在国外分布于西伯利亚东南部。目前全世界野生数量不足1000只，在我国属一级保护动物。

鸟类中的"灰太狼"——伯劳

伯劳鸟是一种中小型的猛禽，它的脚强健有力，趾有利钩爪，喙的前端有钩和缺刻，有点像老鹰的喙。它喜欢栖息在丘陵地区视野开阔的林地，性格暴躁凶猛，目光敏锐，发现猎物常常一个高速冲刺就能逮住。它善于俯冲而下捕捉地面上的青蛙、蜥蜴、老鼠，甚至蝗虫，还能一举捕获正在飞行的蜻

蜓，也会捕食小鸟，甚至捕杀体形较大的鹧鸪和竹鸡之类。伯劳会将捕获的饵物穿挂在荆刺上，正如人类将肉挂在肉钩上，故又名屠夫鸟。真伯劳独居，鸣声刺耳，灰或灰褐色，常有黑色或白色斑纹。大灰伯劳分布最广，在加拿大和美国称为北方伯劳，体长24厘米，面黑如面罩状。

武夷山的寒冬腊月是伯劳鸟的"热恋"季节。为了取得雌伯劳的爱情，雄伯劳鸟之间经常会发生"决斗"。这时，雄伯劳一边发出悦耳的鸣叫声向雌鸟献上一首首的"情歌"，一边向雌鸟频频摇头献媚。如果获得雌伯劳鸟的青睐，则进入"蜜月"阶段。雄伯劳鸟十分体贴"妻子"，整天不停地捕捉猎物给"娇妻"享用，甚至忍饥挨饿，也心甘情愿地把自己储备的食物献出来。雌伯劳鸟在"丈夫"无微不至的爱护下，养得胖胖的，并于次年初夏产下4～6枚卵。孵卵期间，身体已瘦弱不堪的雄伯劳开始大量捕捉和吞食猎物，同时继续为雌鸟提供食物，使雌伯劳鸟在

"坐月子"期间吃得更好，安安心心地孵卵。这时如果有外来鸟类进入它的巢区，便会遭到主人的凶猛攻击。

雄伯劳鸟在育雏期仍需尽丈夫的义务，真是一位鸟中的"模范丈夫"！所以，武夷山有一首民谣唱道："黄伯劳，等不得娘脱毛……"。是因为人们看到那位"模范丈夫"为协助"妻子"孵卵、育雏累得身体消瘦，羽毛凌乱，精疲力尽的情况而发出的感慨（虽然是把丈夫错看成妻子）。

恩爱夫妻——鸳鸯

鸳鸯，指亚洲的一种亮斑冠鸭，又名乌仁哈钦、官鸭、匹鸟、邓木鸟，小型游禽。鸳鸯是一种经常出现在中国古代文学作品和神话传说中的鸟类，我国2000多年前就有饲养，为我国著名的观赏鸟类。鸳指雄鸟，鸯指雌鸟，英文名为Mandarin Duck（即"中国官鸭"）。

雄鸳鸯为最艳丽的鸭类，颈部具有由绿色、白色和栗色所构成的羽冠，胸腹部纯白色；背部浅褐色，肩部两侧有白纹2条；最内侧两枚三级飞羽扩大成扇形，竖立在背部两侧，非常醒目。雌鸟体羽以灰褐色为主，眼周和眼后有白色纹；无冠羽、翼帆，

腹羽纯白。

鸳鸯通常栖息于山地河谷、溪流、苇塘、湖泊、水田等处。以植物性食物为主，也食昆虫等小动物。繁殖期4～9月间，雌雄配对后迁至筑巢区。巢置于树洞中，用干草和绒羽铺垫。每窝产卵7～12枚，淡绿黄色。

春季鸳鸯经过山东、河北、甘肃等地到内蒙古东北部及东北北部和中部繁殖；越冬在长江中下游及东南沿海一带，少数在台湾、云南、贵州等地的是留鸟。越冬数量较大的集群为上海市崇明岛东侧及南侧的几个沙洲，其群量可达万只以上。最近发现，部分鸳鸯也在贵州及云南等处繁殖。福建省屏南县有一条11公里长的白岩溪，溪水深秀，两岸山

林恬静，每年有上千只鸳鸯在此越冬，又称鸳鸯溪，是中国第一个鸳鸯自然保护区。

我国古代，最早是把鸳鸯比作兄弟的。晋人郑丰有《答陆士龙诗》四首，第一首《鸳鸯》的序文说："鸳鸯，美贤也，有贤者二人，双飞东岳。"这里的鸳鸯是比喻陆机、陆远兄弟的。以鸳鸯比作夫妻，最早出自唐代诗人卢照邻

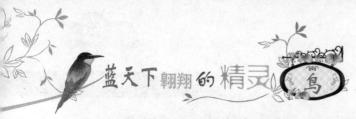

《长安古意》诗，诗中有"愿做鸳鸯不羡仙"一句，赞美了美好的爱情，以后一些文人竞相仿效。崔豹的《古今注》中说："鸳鸯、水鸟、凫类，雌雄未尝相离，人得其一，则一者相思死，故谓之匹鸟。"也有人认为"鸳鸯"二字实为"阴阳"二字谐音转化而来，取此鸟"止则相偶，飞则相双"的习性。

自古以来，在"鸳侣""鸳盟""鸳衾""鸳鸯枕""鸳鸯剑"等词语中，都含有男女情爱的意思，"鸳鸯戏水"更是我国民间常见的年画题材。基于人们对鸳鸯的这种认识，我国历代还流传着不少以它为题材的，歌颂纯真爱情的美丽传说和神话故事。晋干宝《搜神记》卷十一《韩妻》中就有这样的记载：古时宋国有个大夫名韩，其妻美，宋康王夺之。怨，王囚之。遂自杀。妻乃阴腐其衣。王与之登台，自投台下，左右揽之，衣不中手而死。遗书于带曰：愿以尸还韩氏，而合葬。王怒，令埋之二冢相对，经宿，忽有梓木生二冢之上，根交于下，枝连其上，有鸟如鸳鸯，雌雄各一，恒栖其树，朝暮悲鸣，音声感人。

鸳鸯经常成双入对，在水面上相亲相爱，悠闲自得，风韵迷人。它们时而跃入水中，引颈击水，追逐嬉戏，时而又爬上岸来，抖落身上的水珠，用桔红色的嘴精心地梳理着华丽的羽毛。此情此景，勾起多少文人墨客的翩跹联想，唐朝李白有："七十紫鸳鸯，双双戏亭幽"，杜甫有"合昏尚知时，鸳鸯不独宿"。崔珏还因一首《和友人鸳鸯之诗》："翠鬣红毛舞夕晖，水禽情似此禽稀。暂分烟岛犹回首，只渡寒塘亦并飞。映雾尽迷珠殿瓦，逐梭齐上玉人机。采莲无限蓝桡女，笑指中流羡尔归。"而名声大振，被称为崔鸳鸯。

　　鸳鸯最有趣的特性是"止则相耦，飞则成双"。千百年来，鸳鸯一直是夫妻和睦相处、相亲相爱的美

好象征，也是中国文艺作品中坚贞不移的纯洁爱情的化身，备受赞颂。人们甚至认为鸳鸯一旦结为配偶，便陪伴终生，即使一方不幸死亡，另一方也不再寻觅新的配偶，而是孤独凄凉地度过余生。其实这只是人们看见鸳鸯在清波明湖之中的亲昵举动，通过联想产生的美好愿望，是人们将自己的幸福理想赋予了美丽的鸳鸯。事实上，鸳鸯在生活中并非总是成对生活的，配偶更非终生不变，在鸳鸯的群体中，雌鸟也往往多于雄鸟。

知识小百科

飞 羽

生物学鸟翼区后缘所着生地一列坚韧强大的羽毛，牢固地"锚定"在骨骼后缘。在振翅时整体挥动，拍击空气。

飞羽的数目和形态是鸟类分类的重要依据。初级飞羽：着生在腕骨、掌骨和指骨上的飞羽。多数雀形目鸟有9~10枚，非雀形目鸟为10枚。国际上通常以鸟类飞羽更换的顺序自内向翅尖逐次计数，而中国传统的计数方法与之相反。次级飞羽：着生在尺骨（前臂部）上的飞羽。通常为10~20枚，但也有个别种种类有较大差异。计数方法是从远端向内侧。三级飞羽：表示最内侧的一些有特征形的飞羽，目前这个名词已很少使用。

鸟中"寿星"——丹顶鹤

丹顶鹤也叫仙鹤、白鹤（其实白鹤是另一种鹤属鸟类）、鹭鹚。丹顶鹤的寿命可长达50～60年，所以人们常把它作为长寿的象征。中国古籍文献中对丹顶鹤有许多称谓，如《尔雅翼》中称其为仙禽，

《本草纲目》中称其为胎禽。由于它体形优美，鸣声嘹亮，所以有仙鹤之称。

丹顶鹤是鹤类中的一种，因头顶有红肉冠而得名。它具备鹤类的特征，即三长——嘴长、颈长、腿长。成鸟除颈部和飞羽后端为黑色外，全身洁

白，头顶皮肤裸露，呈鲜红色。传说中的剧毒鹤顶红（也有成鹤顶血）正是此处，但纯属谣传，鹤血是没有毒的。古人所说的"鹤顶红"其实是砒霜，即不纯的三氧化二砷，鹤顶红是古时候对砒霜隐晦的说法。丹顶鹤幼鸟体羽棕黄，喙

黄色。亚成体羽色黯淡，2岁后头顶裸区红色越发鲜艳。

丹顶鹤多生活在芦苇、草丛沼泽地带，常涉水在浅水滩中，取食鱼、虫、甲壳类和蛙类等，飞翔时头、颈和两脚都是伸直的。丹顶鹤每年4～5月间迁到我国东北繁殖，在长江下游及台湾等地过冬。丹顶鹤在野外罕见，一般在动物园中能够见到。

丹顶鹤是我国的特产，是一种大型的珍贵稀有的涉禽，主要产于黑龙江省，现列为国家

一级保护动物。丹顶鹤繁殖地在中国的三江平原的松嫩平原、俄罗斯的远东和日本等地。它在中国东南沿海各地及长江下游、朝鲜海湾、日本等地越冬。历史上丹顶鹤的分布区比现在要大得多，越冬地更为往南，可至福建、台湾、海南等地。由于这种鸟在文化种的特殊地位，地方志书中一直有着详细的记载，为专家学者研究它的古代分布提供了详实的资料。

带翅膀的"通信员"——鸽子

信鸽亦称"通信鸽",是我们生活中普遍见到的鸽子中衍生、发展和培育出来的一个种群,应该是和鸡来自于同一个祖宗。而人们利用信鸽是因为鸽子有天生的归巢的本能,无论是阻隔千山万水还是崇山峻岭,它们都要回到自己熟悉和生活的地方。因为它们的恋家和归巢性被人们发现,因而人们才通过对普通鸽子进行驯化,提取其优越性能的一面加以利用和培育、发展,利用它来传递紧要信息,以至信鸽越来越脱离普通鸽子而变成单独的存在。

通信的鸽子,主要用于包括航海通信、商业通信、新闻

叫陶罗斯瑟内斯的人，把一只鸽子染成紫色后放出，让它飞回到琴纳家中，向那里的父亲报信，告知他自己在奥林匹克运动会上赢得了胜利。古代中东地区巴格达有个统治苏丹　诺雷丁穆罕默德，在巴格达和他的帝国各城之间建立起一个信鸽通讯网，形成一座著名的信鸽邮局。

通信、军事通信、民间通信等。

　　古罗马人很早就已经知道鸽子具有归巢的本能。在体育竞赛过程中或结束时，通常放飞鸽子以示庆典和宣布胜利。古埃及的渔民，每次出海捕鱼多带有鸽子，以便传递求救信号和渔汛消息。奥维德（公元前43年—公元17年）在一本著作中记述了一个

相传我国五代后周王仁裕（公元880—956年）在《开元天宝遗事》著作中辟有"传书鸽"章节，书中称："张九龄少年时，家养群鸽，每与亲知书信往来，只以书系鸽足上，依所教之处，飞往投之，九龄目为飞奴，时人无不爱讶。"可见我国唐代已利用

鸽子传递书信。另外，张骞、班超出使西域时，也是利用信鸽来传递信息。

至19世纪初叶，人类对鸽子的利用更为广泛。在人类的军事冲突史中，它是最早并最多较利于主人的。今天，人类利用它进行隐蔽通讯，海上航行利用它跟陆上联系，森林保护巡逻队也有效地使用信鸽跟总部进行联系等等。

可爱的"播火兵"——麻雀

麻雀，亦称家雀、树麻雀、琉麻雀。一般麻雀体长为14厘米左右，褐色。雌雄形、色非常接近。喙黑色，呈圆锥状；跗跖为浅褐色；头、颈处栗色较深，背部栗色较浅，饰以黑色条纹。脸颊部左右各一块黑色大斑，这是麻雀

最易辨认的特征之一，肩羽有两条白色的带状纹。尾呈小叉状，浅褐色。幼鸟喉部为灰色，随着鸟龄的增大此处颜色会越来越深直到呈黑色。幼鸟雌雄极不易辨认，成鸟则可通过肩羽来加以辨别，雄鸟此处为褐红，雌鸟则为橄榄褐色。

麻雀为杂食性鸟类，夏、秋主要以禾本科植物种子为食，育雏则主要以为害禾本科植物的昆虫为主，其中多为鳞翅目害虫。由于亲鸟对幼鸟的保护较成功，加上繁殖力极强，因此麻雀在数量上较许多种鸟要多，这样在庄稼收获季节容易形成雀害。冬季和早春，麻雀以杂草种子和野生禾本科植物的种子为食，也吃人类扔弃的各种食物。

麻雀多活动在有人类居住的地方，性极活泼，胆大易近人，但警惕却非常高，好奇心较强。多营巢于人类的房屋处，如屋檐、墙洞，有时会占领家燕的窝巢；在野外，多筑巢于树洞中。除冬季外，麻雀几乎总处在繁殖期，每次产卵六枚左右，孵化期约14天，幼鸟一个月左右离巢。分布北自俄国西伯利亚中部，南至印度尼西亚，东自日本，西至欧洲。

关于麻雀，相传还有一个有趣的故事。话说唐朝时期，唐将薛仁贵征东，高丽王盖苏文退守

岩州城。这座城池非常坚固，易守难攻，城里粮草如山，利于长期坚守。薛仁贵几次攻城都无功而返，一筹莫展之时，有人献计。薛仁贵听后，激动得高声叫道："妙极了！"

第二天，薛仁贵命所有的士兵去捕捉麻雀，然后放到笼子里饿着，并下令把城外四周的草垛和荒草全部烧光。准备就绪之后，一天清晨，刮起了大风，薛仁贵吩咐士兵把硫磺和火药装在小纸袋里，用纸绳系在麻雀爪子上，同时将成千上万的麻雀放了出来。由于城外找不到草籽和粮食，铺天盖地的麻雀都飞到了岩州城里的草垛上，攫食时挣断了腿上的细纸绳，一个个小纸袋就留在草垛上。不久，从城外又飞来一群群爪上系着香火头的麻雀，只见它们刚一落下，留在草垛上的装有硫磺和火药的数以万计的纸袋顿时猛烈燃烧起来，大火冲天而起，整个岩州城陷入一片火海，城内顷刻间大乱。薛仁贵乘机挥兵攻城，盖苏文见大势已去，只有弃城夺路而逃。

其他鸟类小知识

科学家在对鸟类的研究中发现了一些特殊现象，如"候鸟渡海"。人们对鸟类的某些特殊的生活方式也颇感兴趣，比如我们经常看到的鸟儿站在高压电线等危险物体上却不像人类一样有生命危险。这些尽管都是比较常见的情形，但是里面却蕴含着深刻的科学道理。

◆ "候鸟渡海"

随着季节变化而南北迁移的鸟类称之为"候鸟"（migrant）。就特定观察地点

而言，这些南来北往的候鸟可依照它们出现时间的不同予以归类。以台湾为例，夏天由南方来到台湾繁殖的候鸟称之为"夏候鸟"（summer visitor），冬天由北方来到台湾过冬的候鸟则称为"冬候鸟"（winter visitor）。如果候鸟在比台湾更北的地方繁殖，在更南的地方过冬，在秋季南下与春季北返经过台湾时只做短暂的停留，则称之为"过境鸟"（transient）。同一种候鸟在不同的观察点，可能被归为不同的类别。例如赤腹鹰在台湾是过境鸟，在日本则是夏候鸟，而在菲律宾则是当地的冬候鸟。

◆ "非繁殖鸟"

"非繁殖鸟"并不是字面理解的"不是用来繁殖的鸟"的意思，而是专业人士对鸟类在非繁殖季节羽毛特征进行描述的用语。

有些鸟类在非繁殖季节的羽毛颜色没有繁殖季节那样鲜艳，所以没有经验的人会将那样的情况误认为是两种不同的鸟。

◆ 先有蛋还是先有鸟？

这个问题很熟悉，因为人们一直有一个难题无法解决，那就是关于"先有鸡还是先有

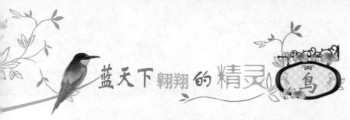

一样，只不过受精卵发育成胚胎的过程是在母体外，卵壳里完成的。所以说一只鸟的形成，最初必须是受精卵，也就是那个蛋，鸟生蛋则是基因发生重组的过程。蛋里含有雌鸟和雄鸟各一半的基因，这样后代才有可能跟亲代不同。

蛋"的问题，至今也没有能够得出一个确切的答案。而在鸟类中，这个问题同样引发了人们的好奇心，那到底是先有蛋还是先有鸟呢？

其实孵出一只鸟的那个蛋，在基因上和鸟是完全一样的。就好比人生小孩，受精卵在体内发育成胚胎，分娩生下的孩子，你能说这孩子跟在娘胎里不是同一个孩子吗？鸟也

◆ 鸟儿睡不睡觉？

鸟儿不会上网通宵，所以当然要睡觉。鸟类腿脚上的肌腱长得十分巧妙，从大腿肌长出的屈肌腱向下延伸，经过膝，再至脚，绕过踝关节，直达各个趾爪的下面。肌腱长成这个样子，这就意味着，鸟在休息时，身体放松，它身体的重量使它自然屈膝蹲下，拉紧肌腱，于是趾爪收拢，紧抓住树枝。

鸟的这种腿脚结构显然十分有效，甚至可以看见死去多时的鸟，仍然用爪紧抓住树枝而不掉下来。

更令人惊奇的是，似乎可以向鸟儿施行催眠术，按照你的意思让它睡觉。

如果你想验证一下，可以凑近鸟笼，把你的眼睛眯起来像一双催眠师的眼睛，也就是做出一副困倦不堪的样子。"眼睛越来越沉重"（别讲话），仿佛就要入睡。这时，你的小鸟便会跟着你入睡：提起一只脚贴在腹部下，把头蜷缩在翅膀下，很快就睡着了。

◆ 鸟类为什么敢站在电线上？

想弄懂电流不会伤害鸟类的原因，我们应该注意这样一件事：当鸟儿停在电线上时，鸟儿的身体就好像是电路里的一个分路，鸟的两脚之间的那部份很短的电线也是电路里的一个分路。因为电阻的大小与导体的长短有关，导体越短，电阻越小，电流就越大，所以前者的电阻明显比后者来得要大得多。因此在鸟的身体里的电流就非常小，小到对鸟没有危害。

你是否细心观察过，鸟类有这样一种习惯，当它们停在高压电线杆的横臂上的时候，常常在有电流的电线上磨嘴。你一定会想：它们应该早因触电死了，为什么它们却安然

无恙呢？因为横臂没有绝缘，所以停在上面的鸟是和地面相接的。这样，鸟一触到有电流的电线，就不可避免地要触电身死了。可它们却没有触电，那是因为人们早就考虑到了这一点，为了防止鸟类的死亡，人们在高压电线的横臂上装上了绝缘的架子，使鸟类不但可以安全地停在上面，还可以让鸟儿在电线上磨嘴。

外型呈流线型，在空气中运动时受到的阻力最小，有利于飞翔。飞行时，两只翅膀不断上下扇动，鼓动气流，就会发生巨大的下压抵抗力，使鸟体快

◆ 鸟为什么会飞？

首先，鸟类的身体外面是轻而温暖的羽毛。羽毛不仅具有保温作用，而且使鸟类

发达，还有一套独特的呼吸系统，与飞翔生活相适应。

鸟类的肺实心而呈海绵状，还连有9个薄壁的气囊。在飞翔时，鸟由鼻孔吸收空气后，一部分用来在肺里直接进行碳氧交换，另一部分是先存入气囊，然后再经肺而排出，使鸟类在飞行时，一次吸气，肺部可以完成两次气体交换。这是鸟类特有的"双重呼吸"，保证了鸟类在飞行过程中的氧气充足。

速向前飞行。

其次，鸟类的骨骼坚薄而轻，骨头是空心的，里面充有空气。解剖鸟的身体骨骼还可以看出，鸟的头骨是一个完整的骨片，身体各部位的骨椎也相互愈合在一起，肋骨上有钩状突起，互相钩接，形成强固的胸廓。鸟类骨骼的这些独特的结构，减轻了鸟类身体的重量，加强了支持飞翔的能力。

第三，鸟的胸部肌肉非常

另外，在鸟类身体中，骨骼、消化、排泄、生殖等各器官机能的构造，也都趋向于减轻体重，增强飞翔能力方向发展，使鸟能克服地球吸引力而展翅高飞。

第五章 形形色色的宠鸟

在中国的电视剧里面，如果有旧时代的京城生活场景时，我们经常可以看到有提着鸟笼蹓跶的人，看起来非常悠闲自在。这些人通常是各地的有钱有势之人，最少也得是有钱人，他们对鸟的品种习性等如数家珍，经常在一起互相比较。而现在各地的花鸟市场里面仍然可以看到这些被各种各样精美的鸟笼禁锢起来的各种鸟儿，有鹦鹉、八哥、画眉等等。不过喜欢养鸟的人一般都是上了些年纪的人，鲜少有年轻人，他们喜欢通过养鸟来消遣时间。人类喜欢养些宠物，有人喜欢养猫，有人喜欢养狗，有人喜欢家禽，有人喜欢野兽。而很多鸟儿或者因为身披美丽的羽毛，或因为拥有美妙的歌喉而得到了许多人的喜爱，从而成为人们心中的宠鸟。人们喜欢欣赏它们漂亮的羽毛，也有人喜欢它们婉转的鸣声，因而养宠鸟便也成为了一项休闲娱乐、消磨时间的活动。

八　哥

　　八哥别名鸲鹆、鹦鹆、寒皋、华华。属雀形目椋鸟科，其广泛分布于华南和西南地区，台湾、海南岛等地。体长约25厘米，全身羽毛黑色而有光泽，嘴和脚黄色额前羽毛耸立如冠状。两翅有白色斑，飞行时尤为明显，从下面看宛如"八字"，故有八哥之称，尾

羽具有白色端。

　　八哥栖居平原的村落、田园和山林边缘，性喜结群，常立水牛背上，或集结于大树上，或成行站在屋脊上，每至暮时常呈大群翔舞空中，噪鸣片刻后栖息。夜宿于竹林、大树或芦苇丛，并与其他椋

鸟或乌鸦混群栖息。食性杂，往往追随农民和耕牛后边啄食犁翻出土面的蚯蚓、昆虫、蠕虫等，又喜啄食牛背上的虻、蝇和壁虱，也捕食蝗虫、金龟、蝼蛄等。八哥的植物性食物多数是各种植物及杂草种子，以及榕果、蔬菜茎叶。4～7月繁殖，每年2巢，巢无定所，常在古庙和古塔墙壁的缝隙、屋檐下、树洞内，有时就喜鹊或

黑领椋鸟的旧巢加以整理，或借用翠鸟之弃穴。巢形大而不整，略呈浅盂状，由稻草、松叶、苇茎、羽毛、软毛及其他废屑堆积而成。产卵4～6枚，卵呈辉亮的玉蓝色。

　　八哥羽衣不华丽，歌喉也不很美，但不怕人、聪明、善仿人言。有人惯养八哥为的是让它跟人玩，但多数人是为听其学"说话"。因而对雌雄选择不严格，关键是要以幼鸟开始饲养。但有人认为，八哥

雌鸟比雄鸟更善于模仿。根据经验认为嘴呈玉白色、脚橙黄色的比嘴灰褐色、脚黄褐色的八哥更"聪明"。

八哥和鹩哥等椋鸟科的鸟均属大型笼鸟，笼子应大且坚固。因其食性杂、食量大、排便多，笼应为亮底、下有托粪板。一般高48厘米、直径36的厘米、条间距2.2厘米，条粗0.4厘米，竹制、铅丝（14号）制均可。鲨鱼皮栖杠一根，食水罐、软食缸各一个，比一般鸟的深、大、结实。成年鸟以鸡蛋大米为常备饲料，每天上午喂一软食缸肉沫、水果（切成小块）、粉料（同画眉）拌成的软食，量以在1～2小时之内吃完为限。幼鸟食料可把粉料和肉沫加水或用芭蕉调成泥

状。团丸填喂，每天5～8次。待鸟能自己吃食时改成软食，羽毛长齐后再加鸡蛋小米。八哥粪便多而腥臭，要每隔一天清刷一次笼底和托粪板。同时应常使鸟水浴。可将八哥放在水浴笼任其自行洗浴，用喷壶淋浴也可，水浴后置阳光下晒干。水罐每天换水，因为吃软食常涮嘴，容易污染。自幼羽至成羽期间教鸟"说话"最好，每天早晚空腹时教，周围环境要安静，无噪杂声音。教的话音节应先少后多，一句学会后再教第二句。每"说"清楚一次便赏给鸟喜欢吃的食物，像香蕉、昆虫等。需多次重复，一般学会一句需3～7天，能学会10句话的就是优秀者。用学会说话的老鸟带最省事，教话时让鸟对着镜子见效快。

百　灵

　　百灵别名蒙古百灵、口百灵、蒙古鹨。属雀形目百灵科，分布于内蒙古、河北和青海，体长约19厘米。上体粟褐，下体白色，头和尾基部呈栗色，翅黑而具白斑，胸部具不连贯的黑色横带。

　　百灵栖息于广阔草原上，高飞时直冲入云，如云雀一般。它在地面亦善奔驰，常站在高土岗或沙丘上鸣啭不休，在阳光充足的正午，则边砂浴边鸣叫。食物主要是杂草和其他野生植物的种子，兼食部分昆虫，像蝗虫、蚱蜢等。冬季天气酷

我国南北方都有饲养。歌百灵只在南方有饲养。沙百灵（窝勒）、凤头百灵（凤头窝勒）则多见于华北地区。

最著名的是百灵，它体型大，羽色较美丽，叫声宏亮而善模仿。

百灵的"叫口"，我国讲究"十三套"，即会学十三种鸟、兽、虫鸣叫的声音。但这"十三套"的内容、先后排列却因地而异。南方笼养百灵允许有画眉的叫口，而在北方却忌讳。北方笼养百灵的基本叫口要有红（沼泽山雀）的鸣叫声，南方则不要求。北方的所谓"十三套百灵"，一般是麻雀叫开头，母鸡嘎蛋、猫叫、砂燕或雨燕、犬吠、喜鹊（灰

冷时，百灵常大群短距离南迁至河北省北部。巢由草根、细茎等盘成，常在地面凹处或草丛间，表面多有杂草掩蔽。5～6月间百灵产卵，卵白色或黄白色，表面光滑具褐色细斑。

百灵科的鸟大多羽衣朴素、善鸣啭和模仿声音。百灵、沙百灵、角百灵、凤头百灵等属的鸟是广为人们喜爱的笼鸟。比较普遍的是云雀（俗称云燕、鱼鳞燕、叫天子），

喜鹊或喜鹊）、红、油胡芦（一种大型蟋蟀）、鸢啸鸣、小车轴声、水梢铃响、大苇莺，虎伯劳结尾。

野生百灵与家养百灵的区别是：野外捕捉的成年百灵羽色鲜艳，羽毛整齐，足趾油亮而呈暗红色，爪黑色；家养百灵羽色稍暗淡，羽毛常有不同程度的磨损，足趾粉红，爪黄色。野生百灵，怕人，常突然猛撞；家养百灵则较安祥，即使受惊，也不拼命撞笼子。购买时应注意区分。

百灵科的鸟均需从幼鸟开始饲养，从幼鸟中挑选雄鸟需要仔细观察、综合判断。如百灵，在第一次幼羽时期可选择嘴

粗壮、尖端稍钩、嘴裂（角）深、头大额宽、眼睛大有眼神、翅上鳞状斑大而清晰、叫声尖的鸟。第二次幼羽时期已近似成鸟，要着重选择上胸黑色带斑发达、头及身体羽色鲜艳、斑纹清楚、后趾爪长而平直的鸟。在选购幼百灵时，除注意选择雄鸟外，还要看其精神状态和体质，是否戗毛（团毛）。用手摸一摸胸部肌肉的厚度，看是否"亏膘"，肛门有无便污，尾脂腺（俗称"尖"）是

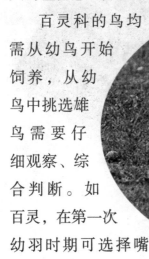

否完整。需用专制的百灵笼，大小、笼条间距应依据鸟体的大小而调整。另外，需有布制笼套。

幼鸟需人工填喂，把绿豆面或豌豆面、熟鸡蛋（或鸭蛋）黄、玉米面三者以5:3:2的比例搓匀，加水和成面团，用手捻成两头尖的长条，拨弄鸟嘴或以声音引诱鸟张嘴，沾水填入。幼鸟数量多时，一定

要逐个填喂，以免有的幼鸟吃不上食。每天填喂5～8次，不给水也不喂菜，待鸟能自己啄食后，把拌好的饲料放软食抹内任其啄食，仍不给水，但可喂切碎的马齿苋菜。当体型、羽色近似成鸟时（第二次幼羽

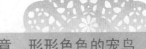

齐），方可喂给干饲料和饮水。幼百灵的饲料因地而异，有加花生米粉的、有喂鸡用混合粉料搓鸡蛋的，也有的纯喂蝗虫、蚱蜢。百灵成鸟饲料各地不同，有的喂谷、黍、苏子或苎麻等的种子，有的喂鸡用混合粉料搓熟鸡蛋。从营养、卫生、节约考虑，喂补充"添加剂"的鸡蛋小米较好，（换羽期）再经常喂些面粉虫、蝗虫、蚱蜢、叶菜等就能养得很好。食水罐宜深不宜大，多为半圆柱或倒棱锥形。平的一面紧贴笼的底圈，隔1～2日添换一次食水。笼底砂土要细匀，保持清洁、干燥，每周清换1～2次（夏季），平时可用铁丝或竹棍将粪便夹出。一般不用罩笼套，但在遛鸟时或让它学别的鸟鸣叫时需要罩上。为

使百灵鸟晚上灯下鸣叫，白天应罩上。夏季南方蚊虫多，夜间也须罩上，以防蚊叮。

为了驯熟百灵，昆虫幼虫、蝗虫、蚱蜢等动物性饵料应用手拿着喂。为培养鸟儿上台歌唱的习惯，可在鸣台外边围一硬纸壳圈，稍高于笼的底圈，并常用夹粪棍捅其脚让它上台，或者常在鸣台上喂"活食"。

培养百灵鸟鸣叫是很费工夫的。幼鸟绒羽一掉完。雄鸟喉部就常鼓动，发出细小的滴咕声（俗称"拉锁"），此时就该让它学叫。用驯成功的老鸟"带"最省事，也可到自然界去"呷"或请"教师鸟"。有的用放录音的方法，但有时声音失真，还须到野外由其他鸟矫正。

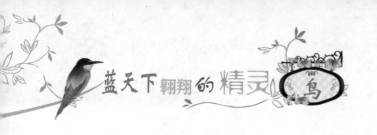

白头鹎

白头鹎别名白头翁、白头婆，体长约18厘米。头黑枕白，背面黄绿，胸部大都灰褐，腹面白色。其幼鸟头灰褐色，背橄榄色，胸部浅灰褐色，腹部及尾下复羽灰白。白头鹎是长江以南广大地区中常见的一种鸟，多活动于丘陵或平原的树本灌丛中，也见于针叶林里。性活泼、不甚畏人。秋冬季大多二三十只结成大群，活动于樟、楝等树上啄食果实，春夏季则仅3～5个相伴觅食。白头鹎常栖息于矮树篱或灌丛的最高处，见有昆虫飞过时就飞捕于空中，然后再回到它栖止的树上，大声鸣叫。它的鸣声是多种多样的。

白头鹎是杂食性鸟类，既食植物性物质，也食动物性物质，同时食性还随季节而异。春夏两季以动物性食物为主，秋冬季则以植物性食料为主。动物性食物中以鞘翅目昆虫为最多，如鼻甲、步行甲、瓢甲。植物性食料大部为双子叶植物，也食一部分浆果和杂草种子，如樱挑、乌桕、葡萄等。

白头鹎繁殖于3月~8月间。产卵至少二次，巢于桑树茂密的绿叶丛中，或油茶树上及各种灌木丛中，距地大多2~3米。但亦有筑在高大乔木上的，距地高度约在6~6.5米之间。巢呈深杯状，用草茎、杂叶、芦苇、草穗及少量细根、石松等构成，内垫以细柔的杂草。卵每产3~4个，呈椭圆形，色淡红，其上更有深红、淡紫等色的斑点。

鹎科鸟类多食虫、兼食果实，较难达到人工繁殖。一般饲养白头鹎是为听其悦耳鸣声，故多选择雄鸟。白头鹎雌雄羽色相似，较难区分，有经验的人可根据雄鸟胸部灰色较深，雌鸟浅淡，雄鸟枕部白色清晰，雌鸟稍发污等特征鉴别出来。幼鸟头灰褐、背橄榄褐色、腹

部及尾下复羽灰白，容易跟成鸟区分。因野外捕捉的成鸟胆小，不易驯熟，故通常掏长羽芽的雏鸟或将离巢的幼鸟饲养。

白头鹎食昆虫和水果，粪便多而稀软，喜欢水浴，因而鸟笼的底宜为亮底，下边有托粪板，便于粪便漏下和清刷。可自制竹笼，圆型（直径26厘米，高30厘米）或方形（26×26×30的厘米）。在北方，亦可用点颏笼饲养。饲养白头鹎可以一种粉料做为常备饲料，比如把玉米面、花生米粉、熟鸡蛋黄按5:2:3的比例混匀喂给，

或者喂点颏粉（绿豆面、玉米面、熟蛋黄、淡水鱼粉或蚕蛹粉按5:2:2:1配合）；经常补充些水果和昆虫幼虫及蛹。每天需要清刷并换新鲜饮水，喂给的水果当天吃不完的应把剩余的取出。每天（夏季）或隔日（春、初秋）供给浴水，任其自行水浴。每周洗刷一次鸟笼。白头鹎不耐寒，在北方饲养冬季一定要移至室内饲养，停止外出遛鸟。

灰椋鸟

灰椋鸟别名杜丽雀、高梁头、假画眉、竹雀、管连子。属雀形目，椋鸟科，繁殖在我国东北、内蒙古、华北、青海及山东一带；越冬于长江以南广大地区。体长约21厘米，通体主要为灰褐色，头部上黑而两侧白，尾部亦白色。嘴和脚

橙红色。幼鸟上体褐色沾棕，头和颈的两侧白而缀以褐色细点。

灰椋鸟常结群栖息于树上，或旋翔于空中。整群飞动，有如波状，叫声低微而单调。它的食物为忍冬果实、桑葚、枣和黄连木等的种子、甲虫及其他昆虫

和幼虫等。灰椋鸟在4～6月间繁殖。巢以杂草、残羽等筑成，相当粗糙，而置于树洞中，距地面约3～10米。卵每产3～5枚，呈淡蓝或玉蓝色，有时更微缀以褐色斑。

灰椋鸟虽与八哥、鹩哥同属一个科，而且分布很广，但因羽色晦暗、其貌不扬，故饲养的人相对较少。灰椋鸟雌雄羽色相似，但雌鸟较苍淡而多褐色，而且无辉亮，下体转为淡褐色，胸部褐色特浓，而杂以褐白色纵纹。

为观赏饲养单只灰椋雄鸟可用八哥笼或画眉笼。为了繁殖，须成对饲养在较大的笼中，也可自制仅前面和下面为铁丝网，其余各面封闭的，大小为100×80×100厘米的繁殖笼。笼的后上方安树洞或暗箱巢（12×13×22厘米）。可以鸡蛋米（或雏鸡料搓熟鸡蛋）

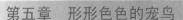

为常备饲料，经常保持清洁、光足，每天或隔日喂一次软料，用肉沫、水果或菜沫拌雏鸡料面（或玉米面），并经常给少量昆虫幼虫及蛹。若从树洞中掏到幼鸟，可把肉沫、熟鸡蛋黄、玉米面（或鸡料面）按5:2:3的比例混匀后喂给。若需填喂，可加水调和，捻成两头尖的食团。

　　跟八哥、鹩哥相比，灰椋鸟比较容易饲养，而且较耐寒。日常管理，除保持粒料经常有外，每隔日喂一次软料，洗刷水罐并换新鲜饮水。每周彻底清洗一次鸟笼、栖杠及食水罐。冬季大的笼舍饲养条件下，无须特别保温，就能生活得很好，但若是小笼单只饲养，还是移至室内为宜。据了解，灰椋鸟在笼舍饲养条件下曾达到产卵，但未能繁殖成功。家庭笼养，只要成对管理

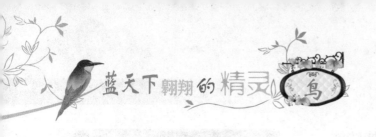
红肋绣眼鸟

红肋绣眼鸟别名粉眼、白眼儿、红肋粉眼。属雀形目，绣眼鸟科。繁殖在东北、河北北部、甘肃西南部，迁徙时经沿海各省及四川、云南等地，在云南南部及其以南地区越冬。红肋绣眼鸟体长约10厘米。全身大部绿色，仅腹面白

色，而肋呈显著栗红色，眼周具白色。

红肋绣眼鸟生活于果树、柳树或其他阔叶树及竹林间。夏季雌雄成对生活，其他季节常集群飞行。其性活泼，常由一树窜至另一树，在近树冠的枝叶间觅食，有时浮悬在大的花朵上。嗜食毛虫、蚜虫、天中、蝗虫、

啭声音圆润、音韵多变、婉转动听，而且喜欢灯下歌唱，姿态优美，因此许多人喜欢笼养。

一般选择雄鸟或雌雄成对饲养，雌雄鸟容易辨别，雌鸟肋部的栗红色小而淡，略呈黄褐色，凭平时的叫声也能听出；雄鸟的声音高而后音长。鉴赏家们认为身腰长、嘴尖细、羽毛紧凑、羽色鲜艳、"膛音"大的绣眼鸟最好。绣眼鸟不畏

蛾蝶类的蛹等，也吃少量植物的果实、种子和花蜜。红肋绣眼鸟每年4～7月繁殖，巢小巧而精致，筑在阔叶树、针叶树及灌木枝上，离地面约0.8～2.1米。巢为吊篮式，形圆而深，由细嫩枝、棉花、杂草等建成，内衬细根、松枝、羽毛等，外敷蜘丝、纤维、地衣之类。每巢3～4卵，天蓝色，孵化期11～12天，育雏期约11～12天。

绣眼鸟小巧玲珑、羽色漂亮、动作灵活、鸣

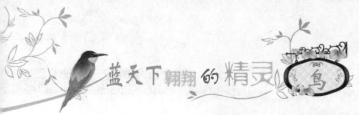

人，容易驯熟，不必掏取雏鸟饲养。最好秋季捕捉当年幼鸟，切勿春季捕捉，因春季处于发情期，较难饲养，也影响它们在自然界的繁殖。

除专用的绣眼鸟笼外，还可自制各种样式的笼子。但一定要注意采用亮底，拱形或平面，条间距可比其他面稍宽（以鸟体钻不过为限），有利粪便漏下，下边设有托粪板，栖杠离笼底要稍高些，食罐、水罐、食抹各一枚。一般喂以磨细的玉米面（或鸡用混合料面）和熟鸡蛋黄（或生花生米粉）各半，加5%的食糖搓（或研）匀作为常备饲料。适当补充一些活的昆虫、幼虫、蛹及水果类和熟的甘薯。水果宜切成大块喂，便于

及时取出，防止鸟吃变质的碎渣。新捕的鸟，可把常备粉料在食抹中加水和成粥状，上边放上几条活的面粉虫引食，或者在切开的熟甘薯、水果上边撒上粉料。生鸟认食后，也还要喂相当长时间的粥状粉料。绣眼鸟不甚怕人，生鸟不必"捆膀"，只要罩上笼套就不会乱撞。待认食后打开门帘，手拿虫子饲喂，慢慢就能安居下来。

绣眼鸟多吃软食、常涮嘴，食罐、水罐、食抹要每天刷洗一次。笼底1～2天清一次。每周彻底刷一次笼子，此时应把鸟串入另一笼，避免用手捉。绣眼鸟非常喜欢水浴，但又怕冷，因此水浴时注意天气，水浴后立即进行日光浴使羽毛干松。为了防止鸟在水罐中水浴，可在水罐中放一小块海绵。

为使绣眼鸟在灯下歌唱，白天可不打开笼套。它的鸣叫有高、中、低三种音调，"歌词"有多种，带水音、有虫鸣，特别是叫"伏天"（一种蝉鸣）的被认为是上品。日本有绣眼鸟鸣叫比赛，评分标准

多依据一次鸣啭的长短、音韵、音调，或者在一定时间内鸣啭的次数。在北方的冬季，绣眼鸟需要在室内饲养，保持室温10℃左右，并争取多晒太阳。

画 眉

画眉在四川又称金画眉。其广泛见于甘肃东部、陕西南部、湖北、安徽、江苏以及四川、云南以东的华南大陆和台

湾、海南岛。画眉体长约24厘米，上体橄榄褐色，头和上背具褐色轴纹；眼圈白，眼上方有清晰的白色眉纹；下体棕黄色，腹中夹灰色。

画眉通常栖居在山丘灌丛和村落附近或城郊的灌丛、竹林或庭院中。喜欢单独生活，秋冬结集小群活动。性机敏胆怯、好隐匿。常立树梢枝杈间鸣啭，引颈高歌，音韵多变、

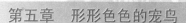

眉又是鹛中之冠，它的种名"Canoras"就是音调佳美的意思。画眉不仅有自己独特的声调，而且能随时仿效其他动物的声音，所以自古以来就为人们笼养。

画眉是我国特产的、驰名中外的笼鸟，饲养历史悠久。各地都积累了丰富的经验，各

委婉动听，还善仿其他的鸟鸣声、兽叫声和虫鸣，尤其是在2～7月间，喜欢在傍晚鸣唱。画眉食性杂，但食虫较多，主食蝗虫、金龟甲、蝽象、天社蛾等昆虫、幼虫及卵，冬季吃一定数量的植物种子及果实。4～7月繁殖，营巢于地面草丛中、茂密树林和小树上。巢呈杯状或碟状，由树叶、竹叶、草、卷须等构成，内铺以细草、松针、须根之类。每年产卵2巢，每巢3～5枚卵。卵一般为椭圆形，呈宝石蓝绿色或玉蓝色。中国盛产鹛类，而画

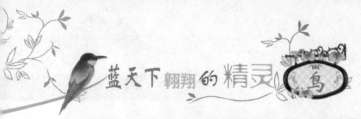

青、小青、菜籽黄、红泡等。

雌雄叫声明显不同，但外形却很难区分，故有"画眉不叫，神仙都不知道"的说法。据说，雄鸟嘴粗壮、嘴峰较圆、鼻孔长、嘴须外展，身体羽毛羽干纹细而色浅；后趾垫大、爪粗，排便时"分裆"。

野生的成年画眉虽然可以笼养，但较难驯熟，而且往往在驯化过程中易出毛病，所以最好选择当年的幼鸟驯养。画眉有"齐毛"（出壳20天左右）、"朴毛"（出壳约一个半月）和"伏毛"（出壳3个月左右）几个阶段，饲养"伏毛"画眉，调教成绩最佳，这时体质健壮，适应能力强，野性不大，而且开始鸣叫。

有一套饲养和调教的方法。画眉产于南方，由于气候关系，南方饲养的画眉在健康状况，寿命等方面都优于北方。

画眉好斗，一般认为善斗的鸟常常也善鸣叫。对姿态的要求，一般是不趴笼底、不钻栖杠、不仰头，鸣叫时抓栖杠有力，身体竖立，尾勾杠，雄姿英发。羽色有青、黄、红之分，可根据爱好选择。羽毛紧贴身体、尾呈棒锤状的较好，也有喜欢体侧羽毛长的，即所谓"胆毛长"。还有人根据眼睛的色彩分级，有天白、大

画眉（亚）科的大型种类身体强壮，好斗而且善斗，决不可把两只雄鸟同笼饲养，否则会打伤致残或死亡。笼子要坚固，笼条要粗。新捕来的生鸟野性大，乱扑乱撞，需放入板笼中。画眉科的鸟多生活在南方潮湿丛林中，喜欢水浴，最好备有专门水浴笼。根据画眉吃昆虫、果实及种子，粪便稀软的特点，笼底应为亮底，下有托粪板。

平时可喂画眉鸡蛋小米或鸡蛋大米，鸡蛋的比例应稍大（每斤米用4个鸡蛋），经常喂些面粉虫、皮虫、蝗虫、蚱蜢或鲜的牛羊肉沫、水果等。面粉虫、蝗虫等活的动物饲料宜人手拿着喂，每天10条即可。牛羊肉放

食抹内，水果切成适口块放食抹中，或者是大块任其自啄。常备料用鸡用混合粉料搓熟鸡蛋（每斤粉料2个鸡蛋），还有的用玉米面、花生米粉、熟鸡蛋按6:2:2的比例搓制而成。在常备饲料中宜掺些干净砂粒，以助消化，否则须常把托粪板去掉，把笼放在草地上让鸟啄掘。还有的人主张用鲜的淡水虾喂画眉，但从其野外食性看，不太适宜。

画眉是"性大"的鸟，需要经常到郊外或公园去遛。遛

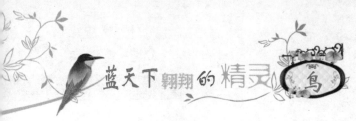

时罩上笼套，笼底去掉托粪板。遛鸟不但可以使鸟兴奋，还可增加腿的力量，鸟叫得"冲"。

画眉喜欢水浴，除严冬和换羽期外，宜每天水浴一次。可用专门水浴笼或笼内放水盘，水的深度不得超过鸟的跗蹠部。初次水浴的鸟不要强迫或用水喷，应使其逐渐习惯，以免受惊，形成"仰头"毛病。食、水每天或隔日换一次，保持清洁，水罐中的水不宜添得过满，防止鸟自行洗浴，"呛"坏歌喉而变得嘶哑。每周清刷笼底2~3次。

画眉"嘴"很灵，善模仿，鸣声十分悦耳，但时间久了会忘掉，尤其是经过换羽期。"叫口"排列顺序也不像百灵那样稳定，即所谓"活口"，所以叫口顺序要求不严。

平常应把画眉笼挂起，不宜置地面，高度以鸟与人眼齐为宜，这样可防止仰头。笼套是否打开，应视画眉驯熟程度而定。喂食、水时先给以信号，避免突然惊吓。另外，不要轻易用手抓鸟，不得已时，可在黄昏或晚上灯下捕捉。嘴过长时，应换新的粘砂或亮开笼底放在土地上任其掘磨。亦有把花生米或葵花籽仁与粗砂粒混装在"食栅"中让鸟啄磨的。

黄　雀

　　黄雀别名黄鸟、金雀、芦花黄雀。在东北大小兴安岭繁殖，迁徙时经河北、山东、江苏等地，在浙江、福建、广东、台湾等地越冬。黄雀体长约12厘米。大体呈绿黄色，具褐黑色羽干纹，翅有鲜黄色花斑。雄鸟头

顶大部黑色，颏部及喉中央黑色。黄雀在山区、平原均可见到。山区多见于松、杉等针叶树上，平原则多栖大柳树、榆树、白杨等树冠，常结群活动、觅食。主食赤杨、桦木、榆树、松树及裸子植物的果实、种子及嫩芽，也吃作物和蓟草、中葵、茵草等杂草种子

以及少量昆虫。巢呈深杯状，由蜘蛛网、苔藓、野蚕茧及一些嫩草茎、草根、各种植物纤维缠绕而成，内衬兽毛、散絮、羽毛等柔软物质。黄雀每巢4～6卵，呈浅蓝白色，缀以褐色、紫色斑，多集中在钝端。雌鸟孵卵，雄鸟喂食，孵化期12～14天。雌雄共同育雏，但以雌鸟为主。

黄雀是北方笼鸟，尤其是北京地区，饲养很多。因为它容易驯熟，省事，除换羽期外，整天鸣叫，每年歌唱可长达8个月。一般认为，嘴尖细、身腰长、尾长的健美且善鸣叫的较好。也有的依下体羽色选择，有青色、白色、黄色之分。还有人喜欢红脚（俗称"红爪"）或头、颈、胸染红的。实际上这些颜色与食物有关，一般自然界的黄雀都是黑脚的，经人工养一段时期就变成肉色的，春季迁过的黄雀羽

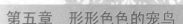

毛常呈红色，但一换羽红色就消失了，其原因尚不清楚。

　　成年黄雀雌雄很容易区分。雄鸟身体的黄绿色较浓，羽干纹少，头顶或颏部有黑斑。但刚离巢不久的雄性幼鸟与雌性成鸟较难辨别。这种幼黄雀俗称"麻鸟"，是养鸟者最珍爱的。价格要比雄性成鸟高2～3倍。一方面由于幼鸟易训，另一方面则是因为它刚离巢不久，还未学会老鸟的鸣叫，即没有"野口"。

　　黄雀每年春、秋两次迁徙时途经我国北方，常可捕获，容易饲养和驯熟。黄雀笼有多种多样，但比较讲究的是漆竹圆笼，宜为封闭底，内铺薄布垫，因为其主食粉料或干粉料，粪便少面干，不易污湿笼底。还应有较高底圈，防止粒料壳乱飞以及鸟糟踏食物。为教以技艺，或做"囤子"，有

的人把雌黄雀用架养，多数为直架。

黄雀在野外主吃针叶树种子，故在家养情况下喜欢吃苏子、花生、核桃、葵花籽等油料作物种子。新捕来的黄雀可用苏子诱食，但不能长期饲喂，否则容易过肥。一般是改喂谷子、黍子、稗子和少量苏子的混合物。黄雀吃食时，常拣苏子吃，其他种子全剔出，造成浪费，不如喂混合粉料好。可把玉米、花生米、苏子（3:1:1）研磨成粉状，再加少量砂粒，并经常给些叶菜（白菜、菠菜、油菜、马齿苋）。另外，也有喂鸡蛋小米的，但冬季需加喂些油料作物的籽实。

笼鸟中，饲养黄雀是最省事的，管理只要保证食水充足、新鲜，每周清理1—2次笼

子就可以了。秋、冬、春三季常让黄雀晒太阳，夏季将笼子挂凉爽地方。换羽期多给叶菜、补充些苏子。黄雀羽毛换得快，"开叫"早，羽毛闪银灰色光，显得十分漂亮。

北京地区对黄雀的鸣叫要求很严格，讲究"三大口"，即叫喜鹊、油葫芦。如杂有其他鸟的叫声，常被认为是"杂口"，特别忌讳有太平鸟、金翅雀、燕雀的叫声。因而培养一只真正"三大口"的黄雀是很困难的，除能得到"麻鸟"并严格隔离外，须经常早起窜入小笼到有灰喜鹊栖息的树林中去遛。途中要藏在书包里，听到灰喜鹊叫时再拿出，并打开笼套。如此经过两周，甚至更长时间才能学会。让其学油葫芦叫口，一般是在自家养油葫芦，晚上油葫芦喜鸣，就把黄雀置灯下听。

至于黄雀的技艺，无非是"叫远""撞钟""抽签"（过去算命先生常用）等简单动作，全是用苏子引诱形成的简单条件反射。黄雀在人工饲养下的繁殖问题，应引起养鸟

爱好者的广泛注意。人工繁殖能得到满意的"麻鸟"，不必去野外捕捉，也有利于保护自然界的种群。国内已有繁殖成功的，须先在大笼中饲养几对，细心观察，发现有亲密成对的，放进繁殖笼内，安上草巢，就有可能产卵。

大苇莺

大苇莺别名苇串儿、芦稿鸟、剖苇。繁殖于我国东部、西部至鄂尔多斯、新疆东部及长江中游；迁徙时见于广东、

云南、台湾等地。大苇莺体长约18厘米。上体橄棕褐色，眉纹淡黄色，下体呈沾黄的白色，胸部具有少数不明显的灰褐色纵纹。幼羽色似成鸟，但上体较黄。翼羽除初级飞羽外，均具黄褐色边缘，颏和喉为沾黄的白色。常栖匿于河边或湖畔的苇丛间，有时也飞至

附近的树上。在繁殖时期，常高踞巢附近的芦苇顶端及树枝上，高声鸣叫。鸣声富于音韵，颇为动听。大苇莺性十分机警，常突然飞向更远地方。大苇莺吃蚁类、豆娘、甲虫、水生昆虫以及蜘蛛、蜗牛等，也吃水生植物种子。巢营于稠密的芦苇丛中，距地面或水面约1米。巢呈深杯形，连结在3～4棵苇草上，以干燥的枯草、枯穗、草根等构成。卵每产3～6枚，通常4枚，呈蓝绿色，而杂以浓淡不等的污褐色乃至紫褐色斑点。

野生成年大苇莺较难适应人工环境和饲料，成活率较低，即使有活下来也很少鸣叫，因而一般捕获当年幼鸟饲养。大苇莺为中型食虫笼鸟，点额笼饲养较好，也可用画眉笼。主食细小昆虫，因而对人工饲料要求较高。通常喂的粉料要细，更富营养和易于消

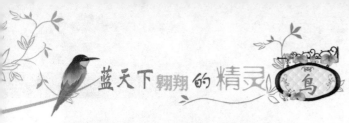

"捆膀"后放到有笼罩的黑暗笼中，用较稀的软料和活的昆虫幼虫诱食。待鸟认食后再逐渐增加软料的浓度，至能吃干粉料才算真的成活。在可能条件下尽量让鸟水浴，浴后立即把水盘取出，笼垫经常更换，保持清洁，以防腐蚀鸟足趾。

化。其中绿豆面、黄豆面、熟鸡蛋黄、淡水鱼粉按4:2:3:1的比例配比。昆虫宜为较嫩的幼虫及蛹，如刚脱皮的黄粉幼虫及蛹、玉米螟幼虫、皮虫之类。粉料为常备饲料，每天喂一食抹细肉沫、昆虫幼虫拌粉料。

新掳获的大苇莺幼鸟须

知识小百科

捆　膀

新捕来的野鸟，为防止羽毛损伤，保持安定和减少体力消耗，需要"捆膀"。就是把鸟两翅最外侧的4～5枚飞羽在腰部交叉，用棉线结扎，并把其余飞羽翻于结扎处上方。有的鸟如果还是抓笼擦尾，还需把整个尾尖捆上。

灰喜鹊

灰喜鹊别名山喜鹊、蓝鹊、蓝膀香鹊、长尾鹊、鸢喜鹊、长尾巴郎。分布于东北、华北、华东等地。灰喜鹊体长约40厘米。头和后颈亮黑色，背上灰色；翅膀和长长的尾巴

呈天蓝色，下体灰白色。灰喜鹊是平原和低山鸟类，常见于道旁、山麓、住宅旁、公园和风景区的稀疏树林中，常十余只或数十只一群，穿梭于树林

间，不喜久留，似游击式活动，骤然成群飞向这里，又突然飞向别处。不甚畏人，遇惊吓时一哄而散。灰喜鹊是食性杂的鸟类，但以动物性食物为主，主要吃半翅目的蝽象；鞘翅目的步行甲、金针虫、金花虫、金龟甲；鳞翅目的螟蛾、枯叶蛾、夜蛾；膜翅目的蚂蚁、胡蜂；双翅目的家蝇、花蝇等昆虫及幼虫，兼食一些乔灌木的果实及种子。灰喜鹊4～6月繁殖，营巢在杨、松、柏等的树杈上，巢距地面7～15米，呈平台状，由细枝、麻线、纤维、兽毛等做成。产4～6枚卵，卵灰白色、满布褐色斑点、孵化期17～18天，育雏期约18天。

灰喜鹊喜食松毛虫、避债蛾、黄刺蛾、地老虎等数十种农林害虫。据统计，一只灰喜鹊一年可消灭松毛虫15000条右，可以保护一亩松林免受为害。因此，目前在许多林区盛行饲养、驯养、繁殖和招引灰喜鹊，以抑制林业害虫的发

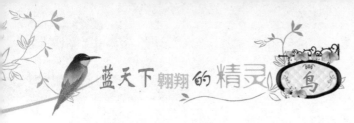

展。笼鸟爱好者调养灰喜鹊多用它作教师鸟，让其他歌鸟学它的叫口，俗称"呷鸟"。在北方，养鸟爱好者把灰喜鹊叫口列为百灵、画眉、黄雀、云雀、沙百灵等鸣叫中不可缺少的"口"，主要的音是灰喜鹊那"嘎—唧唧唧唧！嘎—唧！嘎—"等清脆的叫声；为了使宠爱的歌鸟学上灰喜鹊的叫声，在鸟"上口"期间，养鸟

人经常一清早就把鸟放到灰喜鹊栖居的树林中去"呷"。鸟学会叫一般需一周，甚至更长的时间，而且经换羽后有的鸟会忘掉，或者叫得不清楚，还需再到自然界去呷。作为教师鸟饲养的灰喜鹊，一般是掏取雏鸟，但雌雄并不苛求，最好选择将离巢（约15日龄）的雏鸟。不但容易成活，而且已经学会老鸟的本口鸣叫，掏来就能当教师鸟。

灰喜鹊有漂亮的长尾巴，为了不使其损伤，通常用直架饲养。直架应比交嘴雀、锡嘴雀等小型鸟直架稍粗而长，直径约2.5厘米、长50厘米左右。但是，为了繁殖，可成对或群养在大的铁丝笼内。

灰喜鹊主食动物性食物，尤其是雏鸟，亲鸟几乎完全以昆虫及幼虫喂养。新掏来的雏鸟，可用皮虫、金龟子、蝗

虫、面粉虫、松毛虫等饲喂。但这些虫子较难获得，也不经济，而且最后是要改成人工饲料，所以不如开始就喂混合饲料。初期掰嘴填喂，并给以声音讯号。一两天之后，一给声音讯号雏鸟便会张嘴抖翅地吞食了。混合饲料的比例，可用磨细的玉米面（或鸡用混合料面）与生肉沫混合蒸熟做成团或切成小块，或者用熟肉沫（占1/2）带汤拌熟大米饭。为使雏鸟健康成长，可适当补充维生素、矿物质。

无论是幼鸟还是成鸟，初次架养总是不习惯，但灰喜鹊不畏人，容易驯熟，经过几天驯练就能稳站在栖架上。一旦开始鸣叫，就应挂在高处，而把学叫的歌鸟置于低处，并罩上笼套，令其静听。每天早晨1～2个小时，其余时间置近地面处。日常管理除注意食、水的卫生和粪便的处理外，要防止鸟架附近的障碍物，以免鸟因脖线缠绕而被吊死。鸟常会咬脖线玩，有时会咬断逃逸，所以要经常检查。

灰喜鹊是北方留鸟，一般不怕冷，可室外饲养，但食、水不能结冰。

松 鸦

松鸦别名塞皋、屋鸟、山和尚。松鸦体长约32厘米，整体近紫红褐色，腰部及肛周白色，两翅外缘带一辉亮的蓝色和黑色相间的块状斑。松鸦雌雄羽色相同，外形较难区分。

松鸦基本上是山林鸟，一年中大多数时间都在山上，很少见于平地。针叶林和阔叶林或针阔叶混交林中均可遇见，

一般都远离人居。秋天到后，开始过着游荡生活，偶然会于城郊住宅附近见到。平常多见一对活动，秋后有结群现象，随着食料而到处游

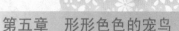

荡。松鸦飞到居民点时甚畏人，栖息在树顶上，常用树干挡着身躯，一动也不动，难以发现，但在山上却较活跃，特别是繁殖前期。春末及夏天以昆虫为主，还吃蜘蛛、鸟雏、鸟卵等。繁殖于山上的森林中，繁殖期4~5月间。巢大都筑在稠密而阴暗并具有幼树林的地区，一般在灌木或不太高的树上。巢杯形，用苔藓及嫩根构成，内垫以细嫩的根，置于针叶树或阔叶树的树梢上或与主干接近的树叉间。松鸦一窝卵5~8枚，卵淡灰黄色，具淡紫褐色和淡黄褐色细点，散布在整个表面。孵卵期约17天，19~20天，幼鸟离巢。

松鸦虽羽色美丽，并

善仿效鸟兽鸣叫，但因性剽悍，体型较大，故一般家庭很少饲养。其实若经驯教，还能学会"说话"。家庭饲养笼应高大而坚固，可用铅丝制的八哥笼或自制更大的铅丝笼。笼舍饲养不可与其他小鸟混群饲养，因它捕食小型鸟类。食、水罐宜为铁制，瓷的易损坏。通常可以豌豆、小麦、高粱或鸡蛋大米等为常备饲料，每天喂一次肉沫、玉米面（或鸡料）、水果拌和的软料。为了驯熟，虫子可用手拿着喂给。饲养未驯熟的松鸦要注意安

全，每天喂软料和换水时要小心，笼门要别好。每周清刷鸟笼需串笼时要防止逃逸，不要轻易用手捕捉，以防咬伤。冬季无须保温。

朱 雀

朱雀别名红麻料、青麻料。其繁殖于东北、华北、内蒙古、新疆等地。向南迁徙时几乎遍布全国各地。朱雀体型似麻雀，体长约16厘米。雄鸟头部至后颈呈鲜红色；上背暗褐，下背至腰红色暗浓；尾羽暗褐、羽缘红棕色；颏、喉和腹暗红色。朱雀栖息于山区的针阔混交林、阔叶林和白桦、山杨林中，也在山地阔叶林的栎树、杨树、榆树上活动。常单独或成对活动，很少成大群。飞翔呈波浪形。平时鸣叫声单调，但

繁殖期鸣声婉转动听。朱雀食物春季为白桦嫩叶、杨树叶芽、榆树花序；夏季以鞘翅目昆虫为主；秋季则以浆果和各种种子及昆虫为食。繁殖期在5至7月。巢营于灌木密枝上，由禾本科植物的茎和根等编成，仅雌鸟营巢。朱雀每窝产卵4～5枚，卵呈蓝绿色，卵表面有一些暗褐色和黑紫色斑点和乱纹，并多集中于卵的钝端。

朱雀羽衣漂亮、性情温顺，鸣叫虽较单调，但声音宏亮而悦耳，广为人们笼养。雌鸟羽色晦暗，头部橄榄褐色，背部黄绿灰色，下体黄白色。

朱雀属食谷笼鸟，可用金丝雀笼或黄雀笼，也可自制比黄雀笼稍大、封闭底、有底圈的竹笼。朱雀虽喜欢吃带壳种子，但纯喂谷子、稻子、苏子等，不如喂混合饲料好。如把玉米面、黄豆面、花生米粉、

熟鸡蛋黄按5:2:2:1的比例混匀晾干后喂给。春季多喂一些杨、柳、榆树的嫩芽或嫩野菜芽；秋季补充新鲜谷穗和稻谷穗。

朱雀较温顺、耐粗饲，容易饲养、管理也简单。日常保证饲料和饮水充足、清洁卫生。每周清理一次鸟笼。鸟有水浴要求时供给浴水。冬季无须特别保温，不遛鸟，需听其鸣叫时，可把鸟笼挂高处。

红嘴相思鸟

红嘴相思鸟别名红嘴玉、相思鸟、红嘴绿观音，其留居在长江流域及以江南广大地区。红嘴相思鸟体长约14厘米。雌、雄多从叫声、眼周颜色、头顶颜色、胸部红色大小等方面区别。雄鸟叫声为多音节；雌鸟为单音节。雄鸟眼围黄色；雌鸟眼围灰白。雄鸟头顶颜色较背部黄，雌鸟头顶与背同色。雄鸟胸部红色部分大而且色浓，雌鸟胸部红色部分小且淡。雄鸟尾部从腹回观，尾羽分叉部内黑色部分在8厘米以上；而雌鸟仅4厘米。这些在鉴别时须综合判断。要选叫声高、体型大、羽色鲜艳的雄

鸟。嘴红的程度，据说与年龄有关，老鸟嘴全红，幼鸟嘴基部呈黑色。

红嘴相思鸟生活在平原至海拔2000米的山地，常栖居于常绿阔叶林、常绿和落叶混交林的灌丛或竹林中，很少在林缘活动。它们不仅活动于树丛下层，也常到中层或树冠觅食，偶而到地面寻找食物。红嘴相思鸟性喜结群或与其他鸟混群，雌雄形影不离，动作活泼捷巧，不甚畏人。主食各种昆虫及幼虫以及植物的果实和种子，属杂食性鸟。它们4月下旬开始繁殖，延续到6月。筑巢在针叶林、常绿林、杂木

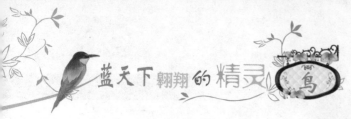

林等各种类型森林的荆棘或矮树上。巢呈深杯状，以叶梗、竹叶、草或其他柔软物质夹杂少许苔藓构成，内铺以细根或纤细的草。巢常悬挂在离地面0.5～1米的灌木或矮竹的垂直或水平枝上。每巢产卵3～5枚，卵呈绿白色至浅绿蓝色，散布有暗斑。

红嘴相思鸟在国外的声誉远比国内高。它们雌雄形影不离，在笼中栖杠上互相亲近的动作引起人们的极大兴趣，被视为忠贞爱情的象征，常做为结婚礼品馈赠。

红嘴相思鸟羽衣华丽、动作活泼、姿态优美、鸣声悦耳，颇受人们喜爱。但其鸣啭与其他画眉（亚）科歌鸟相比，显得单调，也不善模仿，所以养鸟者多重其羽色。

红嘴相思鸟的饲养笼没有严格的标准，有用点颏笼的，

也有用亮底玉鸟笼的。可自制
竹笼，大小介于画眉笼和点颏
笼之间，条间距1.8厘米，底为
亮底，下有托粪板，设栖杠一
枚。因鸟食量大，喜洗浴，一
见水就要淋洒，所以，食、水
罐应深大，可用口较小的画眉
罐。

　　北方饲养红嘴相思鸟多
以鸡蛋小米或蛋黄搓玉米面
（3:7）为主食，常有消化不
良和羽毛退色较严重的现象。
南方养红嘴相思鸟离不开花生
粉，大致配比是：玉米面0.5公
斤加生鸡蛋4个拌匀、烤干，再
加花生粉200克。还应经常喂水
果、浆果、昆虫及其幼虫（或
鲜牛、羊肉沫）。

　　新捕来的相思鸟易惊撞，
为避免嘴被撞破，羽毛损伤，
初期应"捆膀"后再放入板笼
或罩有笼套的笼，像点颏那样
用"软食"诱食，并喂给水

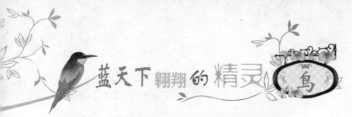

果。待鸟认食后逐渐改为粉料，并给饮水。人接近须慢慢进行，开始时先打开笼套的一部分（门帘），手拿面粉虫、玉米螟幼虫等饲喂，待可追人手吃虫时再全部打开笼套，并松开"捆膀"。

相思鸟肠道短，消化快粪便多而稀软，因此，每隔2—3天就得清刷一次笼底，同时给鸟水浴。平时为防止自行水浴，只好用小口的水罐，否则会污染食水。另外，鸟把

水扑洒干后会渴坏鸟。要常检查笼条是否有损坏，串笼或用手从笼中取出时要特别注意，因红嘴相思鸟动作敏捷，善于钻空子逃跑。

相思鸟一般不学其他鸟叫，只能听本口。可成对饲养，雌雄相互偎依、理羽，亲密无间、十分有趣。在东南亚各国被当做结婚礼品赠送。